KB260745

# 부모
# 연습

내 아이를 바라는 대로 키우는

# 부모 연습

**초판 1쇄 인쇄** 2014년 2월 20일
**초판 1쇄 발행** 2014년 2월 27일

**지은이** 신규진

**책임편집** 김설아
**책임디자인** 최성경

**펴낸이** 이상순
**주  간** 서인찬
**편집장** 박윤주
**기획편집** 유명화, 주리아, 김초희
**디자인** 유영준
**마케팅 홍보** 김미숙, 이상광, 권장규, 박성신, 박순주

**펴낸곳** (주)도서출판 아름다운사람들
**주소** (413-756) 경기도 파주시 회동길 103
**대표전화** 031-955-1001  **팩스** 031-955-1083
**이메일** books777@naver.com
**홈페이지** www.books114.net

ⓒ2014, 신규진
ISBN 978-89-6513-274-5  13590

내 아이를
바라는 대로 키우는

# 부모
# 연습

아름다운사람들

# 내 아이를 바라는 대로
# 키우려면

'내 아이가 잘 자라서 성공적인 인생을 사는 것.'

부모들의 바람은 한결같다. 이 바람의 실현을 위해서 어떻게 하는 것이 최선인지 고민하는 부모들의 양육 방식은 크게 두 가지로 나뉜다.

하나는 자녀가 성인이 될 때까지 '통제적인 방식'을 쓰는 것으로, 예와 효를 강조하며 규범을 잘 지키고 성실한 사람이 되라고 가르치는 것이다. 이 교육 방식의 본질은 '권위에의 복종'에 바탕을 두고 있다. 다른 하나는 아이에게 최대한 자유를 주고 대화와 칭찬을 통해 아이에게 잠재된 가능성을 이끌어내는 '허용적인 방식'이다. 이는 인문학(humanities, liberal arts)에 토대를 둔 교육관으로서 노예가 아닌 자유 시민으로 키우려는 발상에 그 뿌리가 있다고 할 수 있다.

오늘날 한국의 부모들은 두 가지의 양육 태도 사이에서 갈팡질팡하며 혼란을 겪고 있다. 내부에서 꿈틀대는 자유에 대한 욕구는 허용적인 방식에 매력을 느끼지만, 부모 자신이 그와 같은 교육을 받지 못한 탓에 실천이 어렵다. 그래서 때로는 통제하고 때로는 허용하는 교육 방식이 가정과 학교, 사회에 온통 혼재되어 있다. 한쪽에서는 '학생인권조례'를 만들고, 한쪽에서는 '체벌'의 부활을 주장한다. 이 과정에서 세대의 소통은 단절되고, 방황하는 아이들만 늘어나고 있다.

통제와 허용 사이에서 어느 것이 답인지를 찾으려는 시도는 이제 그만두는 게 좋겠다. 이 둘은 모두 인간을 어떤 의도를 가지고 조작하는 수단이기 때문이다. 칭찬, 대화, 명령, 지시 그 모든 방법이 '내 아이의 출세와 성공을 도모하기 위한 기술'이라면 모두 쓸모없는 도구가 될 뿐이다.

내 아이를 어떤 목적을 이루기 위한 수단으로 생각하지 않는 것은 인간 존중의 기본이다. 그 목적이 아이의 행복을 위한 것이라고 해도 마찬가지다. 행복하기를 강요하는 것 자체가 인간의 존엄성을 훼손하는 일이고, 그로 인한 손상은 아이의 자아실현 의지를 약화시킨다.

인간 됨됨이를 갖추도록 기르는 것이 교육의 목적이라면 그 어떤 조작도 필요가 없다. 부모 스스로 됨됨이를 갖추고 묵묵히 역할 모델이 되는 것, 그 이상의 다른 조작은 부작용을 가져올 뿐이다.


이 책은 2003년부터 수집한 초중고 학생 2,500명의 설문 조사와 그 후 10년 동안의 청소년 학생 상담 경험을 토대로 쓴 것이다. 설문 자료는 『가난하다고 실망하는 아이는 없다』(2004년)라는 제명의 책을 통해 대중에게 소개된 바 있다. 그 후 10년이 흐르는 동안 사회와 교육 환경에 많은 변화가 있었기에, 추가 자료 조사와 그에 따른 해석을 더한 개정증보판을 다시 선보이게 되었다.

시대가 달라져도 청소년들은 여전히 부모에게 저항감을 느끼고 실망하며, 부모로부터 벗어나고 싶어 한다. 이는 부모의 학식이나 사회적 지위와는 무관한 듯 보인다. 청소년기에는 부모와 동등한 위치에 서려는 욕구가 커지므로 부모의 인품이 아무리 훌륭해도 자녀는 트집을 잡게 마련이다. 그러므로 부모의 일방적인 판단만으로는 자녀를 제대로 이해하기가 어려울뿐더러, 부모 자신이 옳다고 믿는 바를 자녀에게 강요하면 관계가 점점 더 나빠질 수밖에 없다. 따라서 부모에게 부여된 최우선의 과제는 다름 아닌 아이들의 목소리를 '경청'하는 일이다. '경청'해야 '공감'할 수 있고, '공감'해야 '소통'할 수 있고, '소통'해야 '교육'이 가능해 진다.

『내 아이를 바라는 대로 키우는 부모 연습』은 바로 그러한 '경청'과 '공감'을 위한 책이다. 이 책에 실린 아이들의 육성을 듣노라면 불편한 심정이 꾸역꾸역 올라올지도 모른다. 그러나 이제까지 '논리와 설득'으로 자녀를 교육하고자 했던 부모라면, 책장을 열어 아이들의 목소리에 귀를 열어볼 가치가 충분히 있을 것이라고 믿는다.

2014년 2월, 신규진

차 례

start

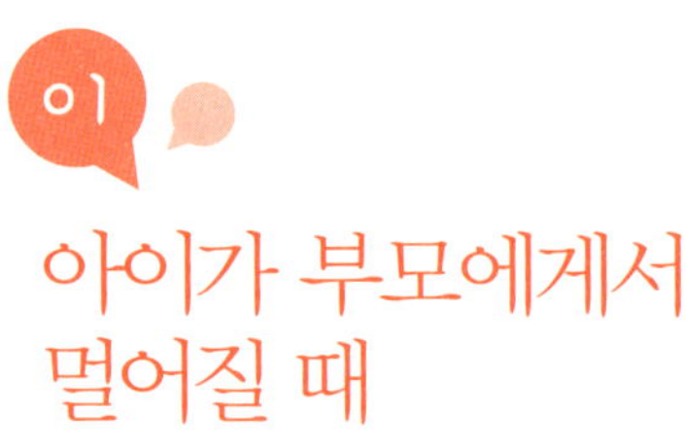

# 아이가 부모에게서
# 멀어질 때

"초등학교 때 부부 싸움이 대판 벌어지더니 아빠가 나에게
물었다. 너 아빠랑 살래, 엄마랑 살래? 황당 충격이었다." (K고
등학교 1학년)

"부부 싸움 때문에 엄마가 동생과 나를 데리고 외갓집에 간
적이 있다. 그때 어린 마음에 텔레비전에서 본 것처럼 이혼이라
도 하면 어쩌나, 이혼을 하면 나는 누구와 살아야 하지… 등의
생각을 하면서 많이 두려웠다." (M여자중학교 1학년)

두 학생은 당시 너무 어려서 부모의 싸움에 대해 크게 분노하거나 개입할 엄두를 내지 못했다. 지금까지 아빠 엄마와 함께 살았는데 갑자기 둘 중에 하나를 선택하라니 답변을 할 수가 없다. '내 인생은 앞으로 어떻게 되는 거지?' 다만 두렵고 불안할 뿐이다. 설문 조사[1]에서도 부부 싸움은 자녀들이 부모에게 실망하는 1순위(21퍼센트)의 사건으로 나타났다.

언젠가 고교 상담실에서 마주 앉았던 부자의 대화이다.

"부부 싸움은 칼로 물 베기라 걱정할 거 없다. 그러면서 정드는 거다."

"아버지, 제 몸의 60퍼센트는 물입니다. 정이 아니라 멍이 듭니다."


아늑하고 편안한 가정이란 어떤 것일까? 나는 왜 이런 집에서 고통을 받아야 할까? D고등학교 1학년생은 어린 시절을 다음과 같이 회고했다.


"내가 몇 살 때인지는 잘 모른다. 엄마 아빠는 부부 싸움을 하고 있고 누나들은 나를 껴안은 채 울고 있다. 아빠는 집에

---

1    1차 조사(남녀 고등학생 1,045명 설문): 신규진, 「자녀가 부모에 대해 느끼는 실망감 연구」, 연세대학교 교육대학원 석사 학위 사례연구, 2003. 2차 조사: 초·중·고 남녀 학생 1,200명 설문 2004. 3차 조사: 남녀 고등학생 250명 설문 2004. 총 2,445명을 설문 조사하였다.

있는 물건들을 집어 던지고, 엄마는 못살겠다고 집을 나간다.
몇 시간 후 엄마는 술에 잔뜩 취해 들어와서 '이혼하자, 같이
죽자' 이런 말을 하며 운다. 조금 누워 있다가 화장실에서 토
한다. 누나들은 뒷정리를 하고 나는 일부러 자고 있는 척을 한
다. 집에서 엄마 아빠가 싸우기만 하면 집을 나오고 싶고, 내가
왜 이런 가정에서 살아야 되는가 하는 생각이 든다."(D고등학
교 1학년)

이 학생 부모의 싸움은 최근까지 계속되고 있는 듯하다.

같은 학교에 다니는 2학년 학생은 어린 시절 부모의 싸움과 이
혼을 경험했는데, 당시 너무 어려서 어리둥절하고 불안해서 울었
던 기억밖에 없다고 고백했다.

"언제인지는 모른다. 참 어렸을 때였던 것 같다. 아빠 엄마
가 싸운 것 같다. 엄마가 울고 있었다. 어린 나는 실망이라는
감정조차 몰랐던 것 같다. 결국 이혼을 하셨다. 이유는 아직까
지 모르겠다. 아침에 일어나 보니 집 안이 어지럽혀져 있었다.
아빠가 어린 내게 말했다. 엄마랑 이혼한다고…."(D고등학교 2
학년)

부부 싸움을 처음 보는 아이들은 놀라지 않을 수 없다. 놀라움

뒤에는 필연적으로 불안, 슬픔, 우울함이 따른다. 부부 싸움이 거듭될수록 자녀들은 답답하고, 짜증이 나고, 분통이 터진다. 심한 경우 적개심에 불타거나, 아예 부모에 대한 그 어떤 기대조차 하지 않는 상태로까지 발전한다.

"아빠 엄마가 무슨 일인지는 몰라도 막 싸웠을 때, 정말 눈물이 났다. 전화기를 던져서 망가지고 난리가 났다. ㅠㅠ"(M 여자중학교 2학년)

위 학생의 감정을 대변하는 단어는 '눈물'과 '난리'이다. 학생의 부모는 아이가 보는 앞에서 자주 싸웠던 것은 아닌 듯싶다. 반면 격렬한 부부 싸움에 대해서 아이들은 최상급의 표현을 나열, 반복하여 당시의 심정을 묘사하기도 한다.

"외할머니가 계시는데도 심한 부부 싸움…. 절대적 절망적 충격이었다. 그때의 일이 가끔씩 생각날 때면 우울해지고, 어른이라는 것이 죄악이고 증오스럽게 느껴진다."(D고등학교 1학년)

"매우 심한 부부 싸움, 충격, 실망, 짜증, 답답하다. 나는 집에 가면 말이 없어지고 모든 것이 싫어진다."(S여자중학교 1학년)

아이들은 그동안 심한 스트레스를 받아왔던 듯 백지 위에 '절대적, 절망적, 충격, 죄악, 실망, 짜증' 등 강한 표현을 써가며 부정적 감정을 쏟아내었다.

부부 싸움은 자녀들의 '안전의 욕구'를 위협한다. 아주 드물게 약한 강도로 일어나는 부부 싸움에 대해서는 아이들이 무신경할 수도 있으나, 부부 싸움으로 인해 자신에게 불이익(저녁밥을 굶게 된다든가 하는 등)이 돌아온다는 사실을 경험하게 되면 예민하게 반응한다. 그래서 처음에 부부 싸움의 강도가 약하고 간헐적일 때는 엉엉 울면서 이를 중지시키려는 노력도 한다. 그러나 이러

"야, 이놈아! 넌 애비 에미가 싸우고 있는데 밥이 목구멍으로 넘어가니?"

식사 중에 부부 싸움이 일어난 경우, 괜히 애꿎은 아이에게 버럭 화를 내는 부모들이 있다. 이런 경우 싸움하느라 한껏 '자존심의 욕구'가 발동한 어른과는 달리, 어린아이일수록 '생리적 욕구'가 우선적으로 작용함을 이해해야 한다. 우리나라 속담에 '부모가 죽어도 밥을 먹어야 운다'라는 말이 있다. 성격학자 에이브러햄 매슬로(Abraham H. Maslow)는 인간의 타고난 욕구를 강도가 높은 것부터 생리적 욕구, 안전의 욕구, 사랑과 소속의 욕구, 자존심의 욕구, 자아실현의 욕구 등으로 구분하고 우선순위에 따라 충족 욕구가 작용한다고 보았다.

한 시도가 소용없거나 부질없다고 여겨질 때, 아이들은 스스로의 생존을 위해 부모의 싸움으로부터 심리적 거리를 두기 시작한다. 부모가 싸울 때마다 그에 휘말려서 울고불고 매달리는 것은 에너지를 많이 소모하는 일인 데다가, 아이들은 그런 상황을 어른만큼 오래 견딜 수 없기 때문이기도 하다.

> "어머니가 직장을 다니면서 회사 회식 때문에 집에 늦게 들어오는 경우가 종종 있었는데, 가부장적이고 권위적인 아버지는 그걸 용납하지 않으셨습니다. 말싸움이 결국은 폭력으로 이어지면서 저는 그때 참으로 힘들었습니다. 서로 조금만 이해하면 될 텐데 아버지는 절대 늦으면 안 된다는 고집, 어머니는 끝끝내 회식에 나가는 고집…." (K고등학교 2학년)

위 학생은 폭력이 행사된 부부 싸움인데도 '힘들었다'는 한 단어로 착잡한 심정을 대신하며, 부모를 고집스럽다고 표현하였다. 자신의 힘으로는 부모의 싸움을 어떻게 해볼 도리가 없다고 생각하기 때문에 심리적인 거리를 둔 방관 상태에서 고충을 토로한 것이다.

다음은 부모와의 심리적 유착 관계가 더욱 멀어져 있는 G여자고등학교 1학년생의 진술이다.

"중 3 때 아빠가 외도를 하셔서 두 분이 만날 싸운 적이 있다. 솔직히 말해서 나한테 관심을 두지 않으니까 간섭을 받지 않아 좋았지만, 시끄러웠고 동네 창피했다."(G여자고등학교 1학년)

아빠의 외도로 인해 벌어진 부모의 싸움을 대수롭지 않게 여길 자녀는 없다. 그런데도 서글픈 갈등 상황을 해결할 힘이 없는 아이는 부모의 간섭이 줄어들어서 좋았다며 스스로를 위로하고 있다.

그나마 부모에 대한 기대를 완전히 저버리지 않은 아이들은 부부 싸움에 대해 극도로 분노하며 적개심을 보이기도 한다. 기대가 컸던 만큼 실망도 커서 강한 저항감을 드러내게 되는 것이다.

"초등학교 5~6학년 시절, 부부 싸움을 할 때가 한두 번이 아니었다. 집 안 물건을 다 집어 던지곤 했다. 둘 다 악마 같았다. 그땐 내가 죽어버리거나. 엄마 아빠를 죽이고 싶었다."(K고등학교 2학년)

"부부 싸움. 최근 아빠에게 굉장히 실망했는데 솔직하게 말하고 싶지는 않다. 그때 아빠가 없었으면 좋겠다는 생각까지 들었고 엄마와 이혼했으면 좋겠다는 생각을 했다. 지워지지 않

는 상처가 되어서 잊을 수가 없다."(S여자고등학교 3학년)

아이들의 소망은 자애로운 부모 밑에서 멋진 미래를 준비하며 행복하게 오순도순 사는 것이다. 그러나 가정 현실이 그런 바람과는 거리가 멀다고 느껴질 때 아이들은 이처럼 섬뜩한 결별마저 상상하게 된다. 대개 이런 경우 아이의 정서는 부모로부터 전염된 것이다.

부모에 대한 극도의 실망은 성격 형성에도 지대한 영향을 미친다. 부모의 냉전이 계속될 때 자녀는 압박감을 느끼며, 이런 나날이 지속되면 우울하거나 냉소적인 성격을 형성하게 될 가능성도 높다.

"어릴 적이나 지금이나 부모님이 싸우실 때가 가장 실망스럽다. 꼼꼼한 어머니와 그렇지 않은 아버지는 사소한 일로 싸우신 적이 여러 번 있었다. 거기까지는 괜찮은데, 그 후 두 분이 서로 사과도 없이 몇 주일 동안 말도 안 하고 생활하신다. 그러면 나는 그 사이에서 엄청난 중압감을 느낀다."(K고등학교 1학년)

"부모님의 잦은 부부 싸움 때문에 나는 내성적이고 소극적이 되었으며 행복, 기쁨, 웃음이 사라지게 되었다. 이젠 한마디

로… 난 혼자인 게 좋다." (G고등학교 2학년)

부모가 자신을 믿어주지 않을 때, 형제와 차별 대우할 때, 생활 전반을 통제·강요할 때, 언어적·물리적 폭력을 가할 때, 약속을 지키지 않을 때…. 자녀들이 부모에게 실망하는 이유는 매우 다양하지만, 설문 조사 통계로 나타난 1순위는 단연코 '부부 싸움'이다. 이것은 자녀를 둔 부모라면 의미심장하게 받아들여야 할 결과가 아닐 수 없다.

# 이혼보다 더 나쁜 것

미국 캘리포니아대학교의 조앤 켈리 박사는 『아동·사춘기정신학회보』에 '오랜 기간 이어진 부모의 불화는 이혼하는 것보다 자녀에게 더 해로운 영향을 미친다'라는 연구 결과를 내놓았다. 이 보고서의 내용은 '자식을 위해서라면 부부 관계가 나쁘더라도 이혼은 결코 안 된다'는 전통적 인식에 정면으로 도전한다. 잦은 부부 싸움이 이혼보다 더 나쁘다고 주장하는 켈리 박사의 연구는 아동의 정서와 행동, 사회 적응 문제와 관련된 것이었다.

최근에는 '부모의 불화는 자녀의 미모에도 부정적인 영향을 준다'는 연구 결과도 발표된 바 있다. 영국 세인트앤드루스대학교의 린다 부스로이드 박사는 '지속적인 불화 속에서 성장한 아동의 경우 여성은 여성적인 매력이, 남성은 남성적인 매력이 없는 얼굴로 성장한다'는 보고서를 발표했다. 『영국왕립학회보』에 기고한 이 보고서는 ① 12세 이전에 부모가 이혼한 가정에서 자란 여성 ② 이혼은 안 했지만 부모의 지속적인 불화 속에서 자란 여성 ③ 화목한 가정에서 자란 여성을 각 그룹별로 90명씩 모아 연구·조사한 내용을 바탕으로 작성한 것이다. 부스로이드 박사는 여성 270명의 사진을 찍고 특수 컴퓨터에 입력하여 낯빛과 뼈 구조 등을 분석하였는데, 그 결과 ③ 그룹의 화목한 가정에서 자란 여성들의 얼굴이 가장 여성적이었을뿐더러 가장 매력적이었다고 한다.

이와 같은 연구 결과가 서양과는 다른 사회적·문화적 배경을 가진 한국 사회에도 적용될 수 있을까?

대한민국 여성가족부가 이혼 남녀 387명을 대상으로 조사해 펴낸 『이혼 후 자녀양육실태보고서』에 따르면 이혼 후 학교 성적 향상(55.3퍼센트), 양육 부모와의 친밀도 증가(80.6퍼센트), 친척들과의 관계 향상(55.8퍼센트), 친구들과의 관계 향상(74.7퍼센트), 일상생활 태도의 긍정적 변화(69.8퍼센트), 학교생활 태도 좋아짐(67.2퍼센트) 등 자녀에 대한 평가 항목 전부 긍정적인 변화가 우세한 것으로 나타났다.

이혼 후 자녀의 가족 관계 및 생활 태도 변화(단위: 명, %)

| | 매우 좋아짐 | 좋아진 편 | 나빠진 편 | 매우 나빠짐 | 변화 없다 | 해당 없음 | 모름 / 무응답 | 계 |
|---|---|---|---|---|---|---|---|---|
| 자녀의 학교 성적 | 18 (4.7) | 196 (50.6) | 125 (32.3) | 11 (2.8) | 8 (2.1) | 27 (7.0) | 2 (0.5) | 387 (100.0) |
| 자녀와 양육 부모의 관계 | 45 (11.6) | 267 (69.0) | 55 (14.2) | 5 (1.3) | 8 (2.1) | 4 (1.0) | 3 (0.8) | 387 (100.0) |
| 자녀와 친척들의 관계 | 19 (4.9) | 197 (50.9) | 141 (36.4) | 15 (3.9) | 7 (1.8) | 5 (1.3) | 3 (0.8) | 387 (100.0) |
| 자녀와 친구들의 관계 | 28 (7.2) | 261 (67.5) | 77 (19.9) | 4 (1.0) | 7 (1.8) | 7 (1.8) | 3 (0.8) | 387 (100.0) |
| 자녀의 일상생활 태도 | 29 (7.5) | 241 (62.3) | 98 (25.3) | 3 (0.8) | 7 (1.8) | 7 (1.8) | 2 (0.5) | 387 (100.0) |
| 자녀의 학교생활 태도 | 30 (7.8) | 230 (59.4) | 91 (23.5) | 2 (0.5) | 7 (1.8) | 24 (6.2) | 3 (0.8) | 387 (100.0) |

(여성가족부 보도자료, 2006.12.13)

부부 싸움보다 차라리 이혼이 낫다는 연구 결과는 스트레스의 반복성·지속성과 상관이 있다.

부부 싸움으로 인한 스트레스는 자녀에게 다양한 형태의 이상

심리 증상과 신체적 질병을 유발한다. 분노, 집중력 손상, 자신감 결여, 얼빠짐 등의 심리적 반응이 나타나고, 심장박동 증가, 땀 흘림 증가, 근육 긴장, 이 갈기, 호흡 곤란, 천식과 같은 신체적 반응이 나타나기도 한다. 학습 능력 감퇴, 다리 떨기, 손톱 깨물기, 폭식, 수면의 증가 또는 감소와 같은 행동 반응도 나타날 수 있다. 이와 같은 이상 반응은 일시적으로 나타났다가 스트레스가 완화되면 사라질 수도 있다. 그러나 반복적으로 스트레스를 받게 되면 불안장애, 성(性)적 일탈, 성(性)장애, 성격장애 등 보다 종합적이고 고착화된 형태의 증상으로 발전하기도 한다. 부부 싸움을 자주 하는 집의 아이는 키도 잘 크지 않는다는 연구 결과가 발표된 적도 있다.

신경과학에서는 타인과의 감정 동화를 '거울 뉴런(mirror neuron)'이라는 용어로 설명한다. 타인의 행동이나 표정을 보고 자신도 같은 감정 상태를 느끼게 되는 것은 우리 뇌에 거울처럼 반응하는 신경세포가 있기 때문인데, 특히 가족 사이에서 더욱 강하게 작용한다는 것이다. 이는 부부 싸움으로 인한 분노와 슬픔이 고스란히 자녀에게 전달되어 부정적인 영향을 초래한다는 이치를 뒷받침해 주고 있다.

부모에 대해 실망한 사건을 정리하고 분석하는 과정에서 한 가지 공통점이 발견됐다. 그것은 모든 문제가 '내 생각을 남에게 강요하는 것'에서 출발한다는 것이다.

수천 장의 인터뷰 설문지에 가장 빈번하게 등장하는 단어는 '잔소리' '신경질' '권위적'이었는데, 이는 부모-자녀 관계에서만이 아니라 부부 사이에도 강하게 작용하고 있는 것으로 보인다.

부부 싸움의 원인은 성격 차이, 시가 혹은 처가 문제, 경제적 문제, 자녀교육 문제, 성생활 문제 등 다양한데, 조사 기관과 시기, 조사 대상 연령에 따라 그 순위가 달라지곤 한다. 그러나 이러한 갈등의 원인은 원천적으로 제거할 수 없는 것이며 부부가 함께 의논하고 협동하여 해결해나가야 하는 과제이다. 그리고 이를 해결하기 위해 의견을 나누는 과정에서 서로 다른 성장 배경과 가치관을 가지고 살아온 남편과 아내가 마찰을 일으키는 것은 당연하다. 문제는 '부부간 의사소통 방식'이다. 의사소통 방식이 좋지 않을 때 상대방의 자존심에 손상을 주게 되고, 결국은 부부 싸움으로 비화하기 때문이다.

'의사소통 방식'은 언어를 포함한 눈빛, 표정, 몸짓, 행위, 자세 등 '내 생각을 남이 알 수 있도록 전달하는 모든 기능'을 포괄한다. 의사소통 방식은 성격처럼 몸에 밴 것이어서 쉽게 변하는 것이 아니지만 꾸준한 학습에 의해서 달라질 수 있다. 가족 치료 상담자인 사티어(Virginia Satir)는 의사소통 방식을 '회유형' '비난형' '초이성형' '산만형' '일치형'의 다섯 유형으로 구분하였다.

‘회유형’인 사람은 남들을 달래고 늘 기쁘게 하기 위해 ‘나는 항상 좋은 사람이어야 한다’ ‘화를 내서는 안 된다’ ‘집안에 문제가 생기면 내 탓이 크다’ ‘나는 힘이 없다’라고 생각하며, 희생적이고 순종적인 삶을 살아가는 게 보통이다. 다른 사람들의 요구를 대부분 수용하는 반면 자신의 욕구나 감정은 돌보지 않는 편이라 마음고생이 심하다. 예를 들면 가부장적 제도하에서 ‘귀머거리 3년, 벙어리 3년, 장님 3년’으로 고된 시집살이를 견뎌야 했던 우리네 며느리상이 바로 ‘회유형’인데, 이러한 의사소통 방식이 많은 문제점을 안고 있다는 것은 부연 설명할 필요가 없겠다.

‘비난형’은 시시콜콜 잔소리를 해대야 직성이 풀리는 유형이다. 비난형의 사람들은 다른 사람의 정서를 무시하고 오로지 자신의 감정에 충실하기 때문에, 공격 성향이 강하고 명령하거나 약점을 캐는 행동을 많이 한다. 반면 늘 긴장한 상태에 있으며 내면적으로 외롭다는 특징이 있다. 소설에 등장하는 B 사감이나 훈육상궁의 경우가 그렇다. 원래 유약하고 조용한 성격이었더라도 작은 권세나마 부릴 수 있는 위치에 서게 되면, 그동안 억눌렸던 과거에 대한 보상이라도 받으려는 듯 비난과 훈계로 남을 공격하지만, 강자 앞에서는 자기 의견을 피력하지 못하는 경향도 있다.

‘초이성형’은 냉정하고 경직된 성격의 소유자로, 융통성이 없으며 일에 대한 강박증이 있는 경우가 많다. 또한 객관성과 논리성을 중시하고 다른 사람을 과소평가하는 경향이 있다. 지나치게 원칙을 따지고 자존심이 강하여 남의 장점을 인정하지 않는 깐깐한 스타일로 흔히 '권위적'이라는 수식어가 따라다닌다.

'산만형'인 사람은 주제와 관계없는 말, 일관성이 없는 말, 뜻이 통하지 않는 말을 나열하며, 늘 분주하고 횡설수설하는 경우가 많다. 태평하고 상황 판단이 미숙하기 때문에 주책없다는 평을 듣기도 한다.

'일치형'인 사람의 경우 자신과 타인이 처한 상황 모두를 존중하고 신뢰하는 의사소통 방식을 보인다. 각 개인의 특성을 존중하여 개방적인 태도로 대화하고, 겉으로 표현하는 말과 내면의 정서가 일치한다. 인간관계를 중시하기 때문에 지속적인 의사소통을 통하여 다른 사람과의 관계를 잘 유지하고, 또 그 사람에게 어떤 일이 일어나고 있는가를 잘 파악한다. 일치형은 인격과 정서가 조화와 균형을 이루며 자존심이 높은 이상적인 유형이다.

다섯 가지 유형 중 일치형을 제외한 나머지 네 유형은 역기능적 의사소통 방식이다. 다음은 어느 부부의 대화 사례이다.

어느 날 남편이 시장에서 사 온 고등어 세 마리를 아내에게 내밀며 말했다.

"우리 애들 매일 같은 반찬만 해주니까 밥을 잘 안 먹나 봐. 이거, 무 넣고 맛있게 조려봐."

아내는 고등어를 냉큼 받지 않고 물끄러미 쳐다보더니 한마디 한다.

"물이 별로 안 좋아 보이네."

핀잔을 들은 남편은 언짢아진다.

"아, 거 참. 괜찮아! 떨이로 사 온 건데 그럼 펄펄 뛰겠어?"

"얼마 주고 샀어?"

"만 원."

아내는 주방으로 가면서 쫑알거린다.

"어이구, 떨이는 무슨! 바가지 썼구만."

아내의 뒤통수를 바라보는 남편의 표정이 떨떠름하다.

이윽고 저녁상이 나와서 아이들과 둘러앉아 밥숟갈을 든다. 남편은 고등어 한 점을 떼어 입에 넣더니 우물대며 말한다.

"이거 너무 싱거워! 간장 내와."

"짜게 먹으면 안 좋다는 거 몰라요? 텔레비전에서 의사들이 하는 말 못 들었어요?"

"싱거워서 맛대가리 하나 없어. 의사들이 하는 말을 어떻게 다 믿어! 미국 사람들도 고기 구워 먹을 때 소금 엄청 많이 뿌려 먹는다고. 알기나 해?"

아내는 한숨을 내쉬더니 간장 종지를 가져와 밥상 위에 던지듯이 떨격 내려놓는다. 분위기가 심상치 않다. 아이들의 마음도 종지 속의 간장처럼 철렁댄다. 남편은 들으라는 듯 혼잣말로 중얼거린다.

"고향 어머니가 해주시던 고등어조림은 참 맛있었는데…. 요즘 물고기가 옛날 같지 않은 건지… 내 입맛이 변한 건지…."

무거운 분위기 탓에 아이들도 젓가락을 깔짝댈 뿐 좀처럼 밥이 줄지 않는다. 기분이 상한 아내가 아이들을 다그치기 시작한다.

"애들아, 얼른 먹어. 니들 아버지가 사 온 거니까 고맙게 먹어야지. 싫어하는 음식이라고 그러면 못써! 내일은 너희가 좋아하는 것 해줄 테니까, 어서 먹어!"

"거 참, 여자가…. 밥 먹는데 그냥 놔둬. 지들이 알아서 먹게. 저 성질머리 하곤…."

결국 남편은 수저를 던지고 집을 나와 대폿집으로 발걸음을 옮겼다. 그날 밤, 부부는 과거지사를 들추어가며 본격적인 2차 전쟁을 벌였고, 아이들은 건너편 집에서 들려오는 웃음소리가 그렇게 부러울 수 없었다.


짤막한 몇 마디의 대화만으로는 부부의 의사소통 유형이 확연이 드러나지 않지만, 위 사례의 아내는 비난형에 가깝고 남편은 초이성형에 가깝다. 비난을 일삼는 아내가 먼저 시비를 거는 것처럼 보이지만, 남편은 아내를 애틋하게 여기는 마음이 없고 고집스럽다.

"매일 같은 반찬만 해준다"는 남편의 말은 아내가 음식 장만에 무성의하다는 것을 과장해서 지적한 표현이다. "무 넣고 맛있게 조려봐." 이 말은 평범한 말처럼 보이지만, '무를 넣어라' '맛있게 하라' '조림을 하라'는 지시가 내포된 명령문이라 아내의 기분을 언짢게 한다. 고등어조림이 먹고 싶은데 해줄 수 있겠냐고 부탁했으면 훨씬 좋은 분위기에서 온 가족이 맛있게 먹었을 텐데 말이다. 이에 뒤질세라 아내도 "물이 안 좋다" "비싸다"는 핀잔을 통해 남편이 어리석은 일을 한 듯 헐뜯었다.

아내는 "싱겁다"는 남편의 반응에 대해 정말 그런지 간을 확인하지도 않고 건강을 위해서 일부러 그랬다는 식으로 합리화한다. "그것도 몰라요? 못 들었어요?"라며 말꼬리를 올리는 것은 비난형 말투가 몸에 밴 탓이다. 일치형의 사람이라면 부드럽게 "싱겁게 먹는 게 건강에 좋대요" 정도로 말했을 것이다.

"너무 싱거워서 맛대가리 하나 없다"는 남편의 혹평은 '당신이 만드는 음식, 아주 형편없다'라는 메시지이다. "의사들이 하는 이야기를 어떻게 다 믿어! 미국 사람들도 고기 구워 먹을 때 소금 엄청 많이 뿌려 먹는다고. 알기나 해?"는 자신의 논리를 타인에게 주입하려는 초이성형 대화 방식이다.

또한 남편은 고향 어머니를 치켜세우는 비교를 통해 아내의 자
존심을 건드렸다. "요즘 물고기가 옛날 같지 않은 건지… 내 입
맛이 변한 건지…." 이것은 한발 물러서는 듯한 표현이지만, 설의
법을 구사함으로써 '그렇다고 당신 음식 솜씨가 좋다는 뜻은 아
니다'라는 메시지를 전하고 있다. 초이성형 의사소통 방식은 이
와 같은 우회적인 표현을 즐겨 쓰는데, 상대방에게 노골적인 비
난은 하지 않지만 은근히 상대방의 부아를 돋우는 효과가 있다.
말하자면 '당신 잘못만은 아닐 거야, 그러나…' 하는 식이다.

한편 아내는 동대문에서 빰 맞고 서대문에서 화풀이하는 식으
로 애꿎은 아이들에게 화살을 돌린다. "싫어하는 음식이라고 그
러면 못써! 내일은 너희가 좋아하는 것 해줄 테니까"라고 하는
말은 빈정대는 심리전이다. 이 말은 '고등어조림은 너희가 싫어하
는 음식이지? 그렇지 않니? 네 아버지는 자기가 먹고 싶은 것만
사 오는 사람이야. 너희 취향은 이 엄마가 더 잘 알지'라는 속뜻
을 품고 있다. 심리적 파워가 약한 아이들은 엄마의 말에 울며 겨
자 먹기 식으로 동조할 수밖에 없다.

비딱한 대화를 한층 더 험악하게 만드는 것은 부부의 표정과
몸짓이다. 맘이 썩 내키지 않는다는 듯 물끄러미 쳐다보거나, 간
장 종지를 던지듯이 내려놓거나, 문을 꽝 닫거나 하는 비언어적
메시지는 비난이나 혹평 이상으로 상대방의 감정을 다치게 하고
고통을 안겨준다.

상담 장면에서 부인과 남편에게 물으면 양쪽 다 똑같은 대답을 한다.

"저 사람 속이 좁아요. 조금만 잘못해도 꼬투리 잡고 잔소리를 해대니 화가 나는 거죠. 다른 집의 아내(남편)들처럼만 해봐요. 내가 업고 다닐 거예요. 내가 아무리 양보해도 소용이 없어요."

부인과 남편은 서로 자기가 더 양보하고 손해를 보며 살고 있다고 생각한다. '남의 염병이 내 고뿔만 못하다'는 속담처럼 상대방의 상처보다 내 상처가 더 아프게 느껴지기 때문이다. 그러므로 '당신이 노력하면 나도 노력하겠다. 당신이 잘못하지 않으면 나도 잘할 것이다' 같은 조건부의 화해 계약은 지켜지기 어렵다. 두 사람 모두 내가 더 억울하다고 생각하기 때문이고, 상대방의 잘못이 더 크다고 확신하기 때문이다.

싸우지 않는 방법은 무엇일까? 부부의 불협화음을 조율하여 조화로운 관계로 발전하기 위해서는 '너'가 아닌 '나'부터 달라져야 한다. 교육학자 연문희 교수는 인간관계에 대해 다음과 같이 조언한다.

"인간은 자율성을 가지고 있기 때문에 타인에 의하여 조작되기를 거부하고, 강압을 받으면 자기방어를 일삼아서 효과가 없으므로 스스로 변하기를 기다려야 합니다. 아니면 상대를 대하는 내가 먼저 변해야 합니다."

자신의 감정을 진솔하게 표현하고, 상대방의 감정을 헤아려 존중하고, 상황을 고려하여 대화하는 사람이 되기는 쉬운 일이 아니다. 실수도 하고 흥분하여 화도 내고 하는 것이 보통 사람의 정서일진대, 내면과 외면이 일치하는 완벽한 사람이 된다는 것이 과연 가능한 일인지 의구심이 드는 것도 사실이다. 그렇지만 나의 작은 변화로 인하여 내 자녀가, 우리 가정이 더 편안해지고 행복해진다면 노력할 가치가 충분하지 않을까?

이혼보다 더 나쁜 것이 부부 싸움이다.

# 부부 싸움을
# 제대로 하는 공식

평범한 우리가 일치형의 의사소통을 생활화하는 것은 아득하기만 한 일인 듯싶다. 부부 싸움을 근절시키고 가정의 행복을 보장해주는 간단한 공식은 없을까? 독서를 하고 명상을 하고 설교를 듣고 연수를 받으면서 이런저런 지침을 따르려고 하면 귀찮아져서 중도에 포기하기 십상이다. 그러나 알고 보면 공식은 간단하다.

"부부는 서로를 무조건 존중한다!"

갈등 해결의 실마리는 부부가 서로를 무조건 존중하는 데 있다. 상대방의 의견이나 행동이 마음에 들지 않더라도 비난하거나 공격하지 않고 수용하는 것이 '무조건 존중'의 자세이다. 혹자는 부부간의 갈등을 해결하는 묘약이 왜 '사랑'이 아니고 '존중'인지 궁금해할지도 모르겠다. 사랑[2]의 열정은 매우 강렬하므로 세월에 따라 바래거나 식기도 쉽다. 사랑이라는 미명하에 상대를 구속하고 통제하며 못살게 구는 경우는 또 얼마나 많은가? 반면 '존중'은 이성에 뿌리를 두고 있으므로 쉬이 변색되지 않고, 자기중심적으로 왜곡하여 행사될 가능성이 거의 없다. 생각해보면 '사랑의 매'도 '매'인지라 맞는 이나 때리는 이나 서로에게 상처를 남기지만, 타인에 대한 존중은 결코 상처를 주는 일이 없다. '존중의 매'라는 말을 들어본 적 있는가? 다시 말하지만 부부 싸움을 근절하려면 서로를 존중해야 한다. 그것도 '무조건' 존중해야 한다. 조건을 달고 존중하겠다면 그것은 이미 존중이 아니다.

부부간의 존중은 행위에 대한 것이 아니라 대상에 대한 것이다. '당신이 이런 일을 하면 존중하고, 저런 일을 하면 존중 못 한다'는 것은 행위에 대한 존중이다. '이런 일을 하든 저런 일을 하든 당신이 한 일이기 때문에 존중한다'면 대상에 대한 존중이 된다. 무조건 존중의 자세는 '그이도 나만큼 현명하며, 가정의 행복을 위해 노력하는 사람이다'라는 믿음을 바탕으로 하는 것이다.

어떤 남편이 하소연했다.

"내 마누라, 걸핏 하면 쓸데없는 짓을 저지르곤 하는데 어떻게 무조건 존중합니까? 지난번에도 나 몰래 이자 놀이를 하다가 홀랑 떼였어요. 다른 남편 같았으면 벌써 끝장을 냈을 거요."

남편 몰래 이자 놀이를 했다면 비난받을 만하다. 그렇지만 말을 하지 않은 것이 아내만의 책임일까? 평소 무조건 존중하며 허물없이 대화하는 사이였다면 아내는 아마 이렇게 의견을 물었을 것이다. "여보, 급하게 돈을 빌려달라는 사람이 있어요. 좀 높은 이자라도 감당하겠다는데 당신 생각은 어때요?" 이 경우 남편이 동의할 수도 그렇지 않을 수도 있다. 어쨌든 부부는 가정의 행복을 위하여 최선의 결정을 할 것이고, 결과에 따르는 책임도 함께 질 것이다. 부부 싸움이 일어날 이유가 없는 것이다.

"당신이 아무리 엉망이라도 난 당신을 사랑할 거야." (영화 「러브 액추얼리(Love actually)」의 대사 중에서)

단순히 멋진 말이라고 하기에는 부족한, 깊은 사랑과 존중이 담겨 있는 말이다. 남편과 아내의 마음가짐이 이 정도는 되어야 하지 않을까?

한편 무조건 존중의 자세를 가능하게 하는 바탕은 '공감적 이해'이다. 공감적 이해의 자세란 사람마다 독특한 경험 체계를 가지고 있으므로, 상대의 주관적인 세계를 존중하며 그 사람의 입장에서 느끼고 생각하고 이해하려는 태도를 말한다.

스톡홀름 영화제에서 배우 문소리가 여우주연상을 수상하여 유명해진 영화 「바람난 가족」을 떠올려 보자. 부부가 각각 바람을 피우고 있지만, 서로 그 사실을 알면서도 모른 척한다. 마치 상대를 존중하는 듯, 하지만 결정적으로 '공감적 이해'가 없었기에 둘은 결국 부부 싸움을 벌이고 결별하게 된다. 다음은 이 영화의 한 장면이다.

> 아내: 당신 속마음을 털어놓을 수 있는 사람이 있다는 게…
>        진짜 다행이다.
> 남편: 지금 내가 딴 여자 좀 만나고 다니는 게, 뭐 그렇게 문
>        제가 되는 거니?
> 아내: 아니, 아니니까… 가서 많이 만나. 만나서 풀고 살아.

영화 속의 아내는 마치 남편의 주관적 경험 세계를 인정하고 외도를 허용하는 듯한 말을 내뱉는다. 그러나 이러한 아내의 반응은 '무조건 존중'과 거리가 멀다.

아내는 남편이 왜 바람을 피우게 되었는지, 그래야만 했던 어떤 이유가 있는지 알려 하지 않으며, 또한 멀어진 사랑에 대한 아쉬움조차 없어 보인다. 딴 여자를 만나서 풀고 살라는 말은 '당신의 사랑 따위는 필요 없어'라는 선언이다. 이처럼 애정도 없고 공감적 이해의 노력도 없다면 무조건 존중의 태도는 성립되지 않

는다. 무관심 내지는 방임일 뿐이다. 무조건 존중이 자칫 무관심과 방임으로 흐르지 않도록 하기 위해서는 부부가 서로 헌신하는 자세를 가져야 한다.

'친밀감에서 열정으로, 열정에서 헌신으로' 이행되는 사랑을 가장 이상적인 사랑으로 보는 견해가 있다. 친밀감은 친구 사이의 우정과 같은 것이고, 열정은 욕구를 바탕으로 하는 강렬한 호감이며, 헌신은 상대방의 복지와 안녕에 대한 책임감을 기본으로 하는 요소이다.

친밀감과 열정을 바탕으로 결혼 생활을 막 시작한 부부에게는 큰 문제가 별로 발생하지 않는다. 그러나 결혼 초기를 지나 하나둘 아이가 생기고 일상에 부딪히는 크고 작은 문제에 직면하면서부터 차차 부부 사이에 갈등의 고랑이 패이고 불화의 싹이 머리를 들게 마련이다. 불거지는 문제를 제때 해결하지 못하면 하나둘 방울이 터지다가 이내 끓는 팥죽처럼 온통 시끄러워질 수도 있다.

가족 상담가들은 건강한 부부와 건강하지 못한 부부의 차이가 바로 문제 해결의 능력에 있다고 본다. 문제가 없는 부부란 원래 있을 수 없다. 서로에게 상처를 주지 않고, 부딪히는 문제를 신속하게 해결하기 위해서 필요한 덕목이 바로 '헌신'이다.

작은 화분 하나를 돌본다고 가정해보자. 대부분 햇볕 드는 창가에 놓아두고, 모진 추위와 바람을 막아주고, 너무 과하지도 모자라지도 않게 물 주는 수고를 기꺼이 감당한다. 돌보는 일 자체가 즐거움이기 때문이다. 연둣빛 귀여운 잎이 고개를 내밀거나 작은 꽃망울이라도 달려 뜻하지 않은 기쁨을 맛보는 것은 그저 수고에 대한 보너스라고나 할까?

배우자에 대한 헌신의 자세는 상대방을 소중한 나무처럼 대하는 마음을 가질 때 절로 우러나온다. 나무는 돌보기에 따라서 시들시들 말라비틀어지다가 죽어버릴 수도 있고, 반대로 향기로운 꽃이 피어오르고 맑은 공기를 제공하며 아름드리나무로 자라나 이윽고 내가 쉴 그늘을 드리워주는 귀한 존재가 될 수도 있다.

평생을 반려자로 살아갈 아내 또는 남편이 어찌 화분 하나, 나무 한 그루보다 하찮다고 하겠는가. '당신이 잘하면 존중해줄 수 있다'는 조건을 내세우면 '닭이 있어야 알을 품지, 알이 있어야 닭이 생기지' 같은 순환 논리에 빠져서 젊은 날의 행복했던 시절로 돌아갈 수 없다. 너무 늦기 전에 '난 네가 좋아하는 일이라면 뭐든지 할 수 있어'라고 속삭였던 초심을 기억해내야 한다.

# 남자, 남편 그리고
# 아버지라는 이름

남성 중심의 가치관이 지배하는 사회적 틀 속에서 오랫동안 살아온 탓에, 남자들은 자신이 정말 우월한 존재인 것으로 착각할 때가 많다. 많이 나아졌다고는 하지만 여성을 경시하는 가정과 사회 풍조 또한 여전하다. 이러한 사실은 아이들과의 인터뷰에서도 여실히 드러난다. 설문 조사에서 상당수의 아이들이 자신의 아버지에 대해서 '권위적' '폭력적' '옹고집' '다혈질' 등의 수식어를 붙여 묘사했다.

"교육자라는 가면을 쓰고 겉으로는 온갖 고귀한 척, 잘난 척을 하는 아빠, 속은 오물보다 더럽다. 차마 입에 담지 못할 말을 써가며 엄마와 나를 비참하게 만든다. 아빠라는 호칭은 정말 어울리지 않는다."(M여자고등학교 3학년)

"아빠는 미안하다는 말을 할 줄 모른다. 이 세상 대부분의 아버지들이 할 줄 모르는 말 아닐까? 쓸데없는 자존심이 자식과의 관계를 더욱 나빠지게 한다는 것을 왜 모르는가? 아무리 자식이라고 해도 자신이 잘못했을 땐 수긍할 줄 아는 것이 진정 멋진 아버지라고 생각한다. 난 정말 다정다감한 아빠는 어떤 사람인지 궁금하다. 아빠의 잘못된 모습이라고 생각했던 것을 내 모습에서 발견할 때, 유전은 무서운 것이라 느끼곤 한다. 더 배우게 될까 봐 함께 있기가 싫을 때도 있다. 아! 혼란스럽다."(Y외국어고등학교 3학년)

반면 '헌신적' '희생적'이란 단어는 아버지보다 어머니에게 훨씬 더 많이 붙고 있었다.

"우리 엄마는 자신을 돌보지 않고 너무 희생적인 것이 단점이다. 집안일만 하지 말고 나가서 취미 생활도 하고 그랬으면 좋겠다."(M여자고등학교 3학년)

아이들이 몰라주니 서운한 아버지들은 푸념한다.

"네 엄마만 헌신적이고 희생적이라고? 직장 일에 비하면 집안 일은 힘든 것도 아니야. 아빠가 식구들 먹여 살리느라고 얼마나 고생하는지 알기나 해?"

직장 생활이든 자영업이든 어렵고 고달플 때가 많은 것은 사실이다. 그렇다고 해도 이것이 집에서 왕초처럼 군림하는 것을 정당화시켜주지는 못한다. 집안일도 바깥일 못지않게 고달프고 답답할 때가 많다. 대한민국에서 아무 근심 없이 우아하게 살림을 꾸려가는 주부가 얼마나 될까?

맞벌이 부부는 과연 집안일을 균등하게 나누어 책임지고 있을까? 노력하는 남편들이 많이 늘었다고 하지만 의식주 관리, 자녀 양육, 집안 대소사 챙기기 등 집안일에 있어서는 아내가 훨씬 더 많은 짐을 지고 있는 것이 사실이다. 아직도 대다수의 남자들은 육아나 가사를 주부의 몫이라고 생각하여 터부시할 뿐만 아니라, 경험이 부족해서 실제로도 잘하지 못한다. 직장 회식이 있어 술을 마셔도 대개의 여자들은 가정에 대한 모니터링을 게을리하지 않는다. 남자들은 2차, 3차 술자리를 전전하고 다음 날 업무에 지장을 초래할 때가 많지만, 절대 다수의 여자들은 그처럼 무책임하고 태만한 처신은 하지 않는다.

진취적이고 경쟁적인 남자의 특성은 국가와 사회를 끌어가는 원동력이다. 그런데 권력적이고 폭력적인 성향까지 남자다운 것이라고 착각해서는 곤란하다. 그것은 국가와 사회, 가정과 개인의 안위를 위협하는 역기능적인 도구일 뿐이다. 후진국일수록 여성의 사회 진출 여건이 열악하고 지위도 낮은 것처럼, 여성이 낮은 지위에 머물러 있는 가정은 행복할 수 없다. 물리적 힘에서 우위에 있는 남편들은 아내의 생화학적 힘을 인정하고 존중해야 한다. 그러나 유감스럽게도 한국 남자 네 명 중 한 명은 '경우에 따라서는 아내를 때릴 수 있다'고 생각하는 것으로 연세대학교 김재엽 교수가 보고한 바 있다. 설마 하겠지만 아이들의 증언을 보면 그럴 만한 개연성이 충분히 있어 보인다. 아버지의 폭력 때문에 힘들어하는 아이들의 소리를 들어보자.

"아빠가 엄마 때릴 때, 완전 개새다." (M여자고등학교 2학년)

"아빠가 칼을 들고 엄마를 협박하고 막 때렸다. ㅜㅜㅜ" (K여자고등학교 1학년)

"엄마가 떡을 먹다가 이불에 흘렸는데 아빠가 야단치고 떡으로 엄마 얼굴을 뭉갤 때 어이가 없고 실망스러웠다." (M여자고등학교 3학년)

"아빠가 술에 취해서 엄마랑 대판 싸웠는데 정말 무서웠다.

아빠가 엄마를 발로 밟아서 멍들었을 때 정말 실망스러웠다. 요즘은 더욱 실망의 연속이다. 엄마는 가정에 얽매이지 않고 자유를 추구하는데 내가 보기엔 정도가 너무 심하다. 알 수 없는 사람이다."(Y외국어고등학교 2학년)

"아버지가 어머니를 때린 일이다. 지금은 내가 말리지만 손대는 것은 정말 안 좋다. 어머니가 나가서 술을 드시고 밤늦게 오실 때 실망감이 컸다. 어머니의 취한 모습은 보기 안 좋고 눈물을 보일 때가 많아서 내 마음 또한 너무 아프다."(D고등학교 2학년)

"아빠가 엄마를 X나게 두드려 팰 때 아빠를 다시 보았다. 엄마는 가족을 버리고 가출한 적이 있어서 증오했고, 아빠는 완전 알코올중독자다. 하루에 소주 한 병 이상은 먹고 술주정을 한다. 초등학교 때처럼 가족이 웃으면서 살고 싶은 것이 소망이다."(B중학교 3학년)

앞의 세 사례는 여학생들의 증언이고 뒤의 세 사례는 남학생들의 것인데, 남녀 두 그룹의 증언은 다소 차이를 보인다. 여학생들은 아빠의 폭력 자체에 대해 치를 떨고 있지만, 남학생들은 엄마의 잘못도 함께 열거하는 것을 잊지 않고 있다. '가정에 얽매이지 않고 자유를 추구하는 엄마' '술에 취한 엄마' '가정을 버리고 가출했던 엄마'라는 남학생들의 표현은 아버지의 폭력을 어느 정도 합리화하거나 희석하는 것이다. 엄마가 왜 자유를 추구해야 했고, 왜 술에 취해야 했고, 왜 가출해야 했는지에 대해서 아이들의 사고력으로는 그 속내를 짐작하기 어려울 것이다.

 '애들 버리고 떠난 여편네'라는 싸늘한 비난은 남성 중심 사회의 대표적인 편견이다. 오죽하면 집을 나가겠는가. 가출의 배경에는 대부분 폭력이 드리워 있다. '자식을 버린 모진 엄마'라는 말을 역으로 생각해보면 '도저히 견딜 수 없는 상황이 아니면 엄마는 자식을 두고 떠나지 않는다'는 뜻이 내포되어 있다. 엄마는 생존을 위해 도피한 것이고, 어쩌면 이는 자신뿐만 아니라 아이들을 살리고자 하는 벼랑 끝의 선택일 가능성도 있다. 그리고 엄밀히 말해서 엄마는 아이들을 버린 것이 아니라 남편 곁에 맡겨두었을 뿐이다.

 아내가 집을 나가면 남편은 자신의 잘못을 무마하기 위해서라도 아이들을 돌보게 된다. 이런 경우 대개의 폭력 남편들은 아이들에게 엄마가 얼마나 나쁜 사람인지를 세뇌하는 일도 잊지 않는다. 어수룩한 아이들은 반신반의하면서도 결국엔 아버지의 말을 어느 정도 믿게 되고, 자기들을 버리고 나간 엄마도 정말 나쁘다고 여기게 된다. B중학교 3학년생은 '엄마는 가출한 적이 있어서 증오했다'고 했는데, 가족을 버린 엄마를 증오의 대상으로 귀결

하는 사고방식은 학습에 의한 것이다. D고등학교 2학년생의 진술에는 '손을 대는 것은 정말 안 좋다'는 대목이 나오는데, '손대다'는 흔히 윗사람이 아랫사람을 때릴 때 점잖게 은유하는 표현이므로 엄마에 대한 아버지의 폭력을 그렇게 표현하는 것은 부적절하다. 물론 아이는 잘 모르고 쓴 말이겠지만, 모르든 알든 그런 용어에 익숙해지면 폭행에 대한 거부감이 완화될 수밖에 없는 노릇이다.

아내에 대한 남편의 폭행은 정말 있어서는 안 될 일이다. 매를 맞고 사는 처량한 어머니와 광포한 아버지를 보면서 아이들의 가슴은 고통으로 찢어지고 미어진다. 운명의 관계를 끊을 수도 없는 아이들은 차라리 고아가 부러울 수도 있다.

# 사랑을 잃은 부부,
# 행복을 잃은 아이

부부 싸움이 잦다 보면 서로에 대한 신뢰감이 깨지면서 일탈의
가능성도 높아진다.

"정말이지, 우리 엄마는 그러지 않을 줄 알았다. 채팅에 빠
진 것이다. 그냥 컴퓨터 배우면서 타자 연습을 하는 정도이려
니 했는데 엄마는 점점 중독되어 버린 듯했다. 언젠가 우연히
엄마 메일을 읽은 적이 있다. 충격적이었다. 아빠 외의 다른 사
람을 만난다는 게 믿기지 않았다. 엄만 토, 일만 되면 밖에 나
가는 일이 잦아지고 성격도 변한 듯했다. 옷도 매일 사고, 짜증

내고, 자식을 괜히 낳았다는 둥, 그런 게 내게는 얼마나 충격인
가…. 지금은 아빠가 컴퓨터를 못하게 해놓은 상태이지만 또
다시 시작될는지도 모른다. 가슴이 너무 아프다. 아무에게도
얘기한 적이 없는 부끄러운 일이다. 죽고 싶다는 생각도 했다.”
(B중학교 3학년)

“아버지가 바람을 피운 적이 있다. 평소의 존경이 증오로 바
뀌는 순간이었다. 그 후 아직까지도 마음 한구석에서 아버지를
증오하고 있다.” (M여자고등학교 3학년)

“아버지가 술을 드시고 하신 말씀이 충격적이었다. 나한테
는 누나가 있다는 것이었다. 실망을 많이 했고 오랫동안 아버
지를 대하기 싫었다.” (K중학교 3학년)

가슴이 너무 아파 죽고 싶었던 B중학교 3학년생은 ‘임금님 귀
는 당나귀 귀’ 하고 대나무 밭에서 외쳤던 이발사처럼 이제 조금
이나마 속이 후련해졌으리라.

그런데 외도가 과연 죄인가 하는 의문이 제기되기 시작한 후부
터 아이들의 생각도 조금은 달라지고 있는 것 같다.

“내가 초등학교 때 엄마가 다른 남자와 놀아나서 무척 실망

했다. 지금 생각하면 별거 아니지만 내가 너무 어려서인지 무척 실망했던 것 같다." (S여자고등학교 3학년)

"엄마가 차라리 아빠랑 이혼하고 좋은 사람 만나서 잘 살면 좋겠다." (Y고등학교 3학년)

혼외의 사랑을 죄악으로 여기는 것은 인류 공통의 가치 기준은 아니다. 많은 나라에서 간통죄는 폐지되었거나 사문화된 상태이며, 우리나라에서도 간통죄가 위헌이라는 의견이 우세해지고 있으므로 앞으로 폐지될 가능성이 높아졌다. 그러나 여전히 이에 대한 반대 의견도 만만치 않다.

"뭐야 간통죄를 폐지해! 이런 망할 세상!"

이들은 간통죄 폐지가 사회 풍기 문란과 이혼율 증가를 초래할 것이라며 우려를 표명한다. 단기적으로는 그럴 가능성도 없지 않겠다. 억압이 풀리면 자유를 만끽하고 싶어지기 때문이다.

그러나 장기적으로 볼 때 간통죄 폐지는 배우자를 더 아끼고 더 사랑하도록 만드는 촉진제가 될 것이다. 간통죄라는 올가미 대신 사랑이란 거미줄로 상대를 묶어두어야 평생의 반려자로 살아갈 수 있을 테니 말이다.

사실 결혼하기 전의 청춘 남녀에게는 불같이 뜨거운 사랑을 나누다가도 아니다 싶으면 돌아설 수 있는 자유가 있다. 그래서 결혼은 전생까지 더듬어볼 정도로 귀한 인연이 없으면 좀처럼 성사되기 어려운 것이다. 그런데도 여러 경쟁자를 물리치고 결혼에 골인 했다면 그 사랑을 지키는 데에도 그만한 노력을 들여야 한다. 결혼 서약을 했으니 이제 됐다 하고 서로에게 무신경해지면 부부의 사랑을 지키고 키워나가기 어렵다.

결혼을 구속의 도구로 여기는 것은 잘못된 생각이다. 하다못해 물건을 구입해도 하자가 있으면 수리를 요구할 수 있고 다른 것으로 바꿀 수가 있는 것인데, 하물며 사람을 계약서 하나로 묶어둘 수 있다고 여기는 것은 존엄한 인간에 대한 모독이 아닐 수 없다. 외도를 했다는 이유로 남편이 아내를 구타하고 아내가 남편을 물어뜯는 사태가 발생하는 것은 심히 유감스러운 일이다. 폭력은 어떠한 이유로도 정당화될 수 없다. 사랑을 잃어버려서 화가 났고 그래서 때렸다는 주장은 뒤집어 생각해볼 필요가 있다. 화가 나면 남을 때릴 수 있는 사람이기 때문에 사랑을 잃어버린 것이라고.

부부는 서로를 닮아가며 돈독한 정을 쌓아갈 수 있는 최소 단위의 공동체이다. 부부는 언제든지 사랑을 속삭일 수 있고, 위로할 수 있고, 격려할 수 있고, 배려할 수 있도록 법적으로 허용된 축복의 관계이다. 이렇게 유리한 위치에 있으면서도 배우자가 한눈을 팔도록 무신경했다면 상대방만 일방적으로 탓할 수 없다. 사랑이나 존경 같은 무형의 고귀한 선물은 달라고 해서 주어지는

것이 아니다. 그런 선물을 왜 주지 않느냐고 따진다면 비루해질
뿐이다.

아내가 혹은 남편이 매력 없어 보일 때는 그의 어린 시절을 생
각해보라. 해맑은 얼굴로 산과 들을 뛰어다니며 꿈 많던 아이가
지금 내 곁에 고단한 얼굴로 누워 있지 않은가? 그와 나 사이에
꽃 같은 아이들도 있다. 그들의 행복을 위해 사는 것보다 더 가
치 있는 일이 또 어디 있을까?

### 외도를 하는 이유

『왜 사람은 바람을 피우고 싶어할까』 『나는 누구를 사랑할 것인가?』 『연
애본능』 등의 저서로 이미 국내에서도 친숙한 헬렌 피셔(Helen Fisher)는
미국 럿거스대학교의 인류학과 교수이자 '사랑'에 관한 심도 깊은 연구
로 세계적 권위를 누리고 있는 인물이다. 피셔 교수는 진화론적 관점에
서 분석하여, '더 나은 유전자와 더 많은 지식을 추구하는 본성으로 인
해 인간은 각각 한 명의 배우자에게만 충실할 수 없다'는 요지의 '사랑 4
주년 주기론'을 주장하였다. 또한 진화생물학자들은 일부일처제를 실시
하는 고릴라보다 난혼을 실시하는 침팬지의 고환이 무게와 크기가 훨씬
크다는 사실을 밝혀낸 바 있다.

# 사랑이라는 이름의 딜레마, 훈육

'부모에게 가장 실망했던 일은 무엇인가?'라는 과거형 질문에 대해서 다수의 아이들이 '부부 싸움'이라고 대답했다. 그러나 '부모에게 바라는 점이 무엇인가?'라는 미래형 질문에 대해서는 '부모의 통제와 강요에서 자유롭고 싶다'는 대답이 가장 많았다.

설문 조사를 통해 얻은 '부모의 자녀 통제와 강요 사항'은 크게 세 가지로 요약할 수 있는데, '학교 공부 또는 원하지 않는 특기교육을 강요받는 것' '진학 진로 선택을 부모 뜻대로 결정하는 것' '생활 태도 전반에 걸쳐 시시콜콜 간섭하는 것'이 그것이다. 아이들은 과잉 통제와 강요로 인한 스트레스를 호소했으며, 이

때문에 부모에게 실망하며 반항하고 싶은 충동을 느낀다고 표현
했다.

성적이 좋은 아이나 그렇지 못한 아이나 공부 때문에 시달리는
것은 다를 바 없다. 공부를 잘 못하는 아이들은 부모의 꾸중, 핀
잔, 비난 때문에 괴로워했고, 공부를 잘하는 아이들은 부모의 과
잉 기대와 일과에 대한 지나친 통제 때문에 힘들어했다.

"초등학교 때 만 자리 덧셈 문제 30개 중 기준치보다 더 틀
렸다고 하여 맞은 일을 잊지 못한다. 당시 앉을 수 없을 정도
로 피멍이 들었다." (D중학교 1학년)

"초등학교 때부터 매일 저녁 아빠 앞에서 숙제를 해야 하고,
또 공부도 아빠한테 검사 맡아야 하고 이런 게 정말 싫었다."
(K중학교 2학년)

아주 많은 학생들이 어린 시절부터 부모의 공부 강요 때문에
심한 스트레스를 받고 있다고 하소연했고, 지금도 여전히 압박감
을 느낀다고 호소했다.

"감기가 너무 심해서 학교를 못 갈 정도였는데, 학교 보건실
에서 잠을 잘망정 무조건 학교는 가라고 했을 때 부모님께 실

망했다.”(S여자중학교 3학년)


“언니가 대학 시험을 보기 전에 몸이 심하게 아픈 적이 있었
다. 그때 나는 언니를 걱정했는데 엄마는 계속 공부하기를 원
했고, 결국 엄마의 강요로 아픈 몸을 이끌고 멀리 과외 공부를
다녀왔다. 그때 정말 엄마한테 실망했고 너무너무 싫었다.”(M
여자고등학교 1학년)


“아무리 아파도 쉬도록 내버려 두지 않았다. 지쳐서 쓰러지
면 그제야 쉴 수 있었다. 갖은 욕 다 얻어먹으면서….”(Y외국어
고등학교 2학년)


“피아노를 전공시키려고 연습 안 하면 때리고 온갖 욕설을
퍼부어서 정말 정말 정떨어졌다. 요즘도 사소한 일에 무조건
반대하고 믿어주지 않아서 엄마에 대한 믿음이 깨졌다.”(S여자
고등학교 1학년)


“죽어도 학교에 가서 죽어라!”

자녀의 공부에 목을 매는 한국 부모들의 관용구이다. 부모들
은 학교라면 왜 그렇게 벌벌 떠는 것일까? 아이가 학교 수업에
빠지면 부모로서 죄인이 된 것 같은 착각이 든다고 말하는 학부

모도 있다. 아마 엄격하기만 했던 옛날 학교의 잔상이 뇌리에 남아서 그런 게 아닌가 싶다.

부모가 자녀의 학교 결석을 허락하지 않는 또 하나의 이유는 아이들의 말을 진심으로 믿지 않기 때문이다.

"우리 아들 녀석, 보통이 아니라니까요. 학교 가기 싫으니까 꾀병을 부리는 거예요. 하루는 아프다고 해서 학교를 빠지고 집에서 쉬게 했더니 언제 그랬냐는 듯이 밖에 나가서 신 나게 놀지 않겠어요? 어이가 없고 부아가 치밀어서 혼났어요. 가증스럽게 보여서 패주고 싶었는데 야단만 치고 꾹 참았어요."

꾀병(malingering)도 병이라는 것을 안다면 그리 화가 나지는 않았으리라. 꾀병은 허위성장애(factitious disorders)와 유사한 심리적 증상이다. 허위성장애의 목표는 환자가 되어 관심을 받고 보호를 받는 것이다. 이를 위해 아이들은 무의식중에 스스로 증상을 만들거나 조작한다. 꾀병은 보상이나 도피를 위해 의학적인 보호와 입원을 원하지만, 원하는 것을 얻으면 금방 증상이 사라진다는 특징이 있다. 허위성장애와 꾀병은 남자들에게 많이 나타나는데, 두 장애 모두 높은 수준의 스트레스 상태일 때 증가한다.[3]

꾀병의 증상이 가장된 것인지의 여부는 그렇게 중요하지 않다.

---

3    『이상심리학』, 어윈 사라손(Irwin G. Sarason)·바바라 사라손(Barbara R. Sarason) 공저, 김은정·김향구·황순택 옮김, 학지사, 2001.

꾀병은 과도한 스트레스 상황을 도피하기 위한 심리적 방어 증상이기 때문에 실제로 큰 병이 날 상황을 미연에 방지하는 긍정적 기능이 있다.

> "부모님이 자기 어릴 적 이야기를 하시며, 너는 지금 호강하
> 며 공부하는 것이니 고맙게 여기라고 할 때 제일 듣기 싫다."
> (초·중·고 다수의 아이들)

부모가 자신의 어릴 적 이야기를 자녀에게 들려주는 것은 정겨운 일이다. 무용담이나 영웅담처럼 과장되어도 그리 나쁘지는 않다. 부모의 옛날이야기를 듣는 것은 재미가 있으니까. 그런데 자신의 경험담을 통해 자녀를 훈계하려고 하면 본전도 못 건지게 된다. 스토리가 사설로 바뀌면 듣기도 싫거니와 잘난 척하는 것으로 보인다. 부모 자신의 옛날이야기는 전설처럼 담백하게 들려줄 때 교육적 효과도 기대할 수 있다. 그러나 부모들은 종종 자신의 어릴 적 환경을 빗대어서 아이들을 나무란다.

"나 어릴 때는 과외 같은 거 안 했어도 공부만 잘했다."

아버지들의 단골 레퍼토리에 대해 아이들은 어떻게 생각할까?

'그러니까… 돈 들여서 과외까지 시켜주는데 너는 왜 그 모양이냐 이거죠? 맞아요. 아버지 생각이 맞습니다. 저 게으르고 참을성도 없고 머리까지 나쁘거든요. 됐어요?'

제법 똑똑했던 제자 중 하나는 냉소적인 미소를 지으며 이렇게 말했다.

"아버지는 거짓말을 하는 게 틀림없어요. 아버지의 논리가 얼마나 비합리적인지 인식조차 못하고 있으니까요. 공부를 잘한 사람이라면 그럴 리가 없죠."

공부에 대한 강요는 성적에 대한 질책으로 이어진다.

"공부를 열심히 해서 성적을 올렸는데, 1등도 아닌 것을 가지고 뭘 그러냐고 할 때 무지하게 서럽다." (S여자고등학교 2학년)

"중 2 초에 성적이 급속도로 내려갔을 때 내 시험 성적표를 거실 벽에 붙여놓고 수시로 잔소리했다. 정말 창피하고 원망스러웠다." (D중학교 3학년)

과연 그렇게 해서 자녀의 성적이 오를까? 오히려 창피를 주거나 열받게 하면 아이는 점점 더 멍청해진다. 이런 심리전은 운동경기나 게임을 할 때 상대의 집중력을 방해하기 위해 쓰는 변칙 기술일 뿐이다.

공부 못하는 아이를 호되게 질책하면 어떤 결과가 나타날까? 크게 혼쭐이 나면 뭔가 깨달음을 얻고 달라지지 않을까? 다음은 한 청년이 보내온 메일의 일부이다.

… 아버지께서는 학업에 대해 제게 엄청난 스트레스를 주셨습니다. 중학교 때까지는 공부에 대해서 아무런 언급도 하지 않으시다가, 고등학교에 진학하니 성적을 가지고 혼내고 화를 내고 저를 무시했습니다. 한 번은 성적표를 가져다 드렸더니 꾸중만 하는 것이 아니라 제 평소 생활에 대해 사사건건 잔소리를 하면서 네가 이러니까 성적이 이렇다고 인격적인 모독을 하셨습니다. 그리고 고승덕 변호사님과 하고 싶은 음악을 하기 위해 전교 1등을 했다는 어떤 가야금 명인을 들먹이면서 너는 왜 이렇게 못하냐고 화를 내시는 겁니다. 저는 스스로에 대한 모멸감과 아버지 발언의 무책임함과 어이없음에 감정이 북받쳐 눈물이 가득 고이고 온몸이 부들부들 떨렸습니다. 주먹이 꽉 쥐어졌고, 아마 어머니가 말리시지 않았으면 아버지를 때리는 패륜을 저질렀을 것만 같습니다.

그 이후로 미친 듯이 공부했습니다. 아버지를 성적표로 찍어 눌러버리려고 온 힘을 다해 공부했고, 내신은 좋지 않았지만 모의고사에서 문과 4등이라는 쾌거를 이루었습니다. 아버지께서는 아무 말씀도 하지 않으셨습니다. 재수를 할 때 평가원 모의고사들에서는 모교 고 3들과 겨루어 1등을 하고, 전국에 꿀릴 만한 사람 몇 없는 성적을 받기도 했습니다. 아버지를 이겼다는 생각에 교만함이 쑥쑥 자라났고 마음 한구석엔 아버지를 증오하는 불효자라는 딱지가 생겨났습니다. 후에 아버지께서 공부를 별로 잘하지 못하셨다는 사실을 알았을 때 찾아온 느낌은 허탈감이었습니다.

저는 청소년기를 얌전하게 보냈습니다. 중학교 때는 공부를 열심히 하는 것도 아니었고 그렇다고 친구들과 어울려 돌아다니는 학생도 아니었습니다. 조용했습니다. 고등학교 때는 스스로를 고립시키고 공부만 했습니다. 흔히들 겪는다는 사춘기는 뒤로 미뤄졌습니다. 그리고 군대에 온 지금에야 사춘기가 온 것 같습니다. 부모님에 대한 반항심이 가득합니다. …

2013년 11월 29일

자녀가 공부를 잘하지 못할 때 부모가 화를 내고 야단치는 이유는 무엇 때문일까?

상담실을 찾은 부모들은 자녀의 미래에 대한 불안감과 염려를 잔뜩 늘어놓으며 한숨을 쉰다. 우선은 대학 진학이 걱정이다. 부모들은 자식이 일류 대학 졸업장만 딴다면 불행해지지는 않을 거라는 최소한의 희망을 품고 있다. 사실 대한민국에서 학벌은 신분제도 사회의 계급과 같은 효력을 발휘한다. 때문에 부모들은 자녀교육을 위해 최대의 지원과 투자를 아끼지 않는다. 오죽하면 '가족은 대입공동체'라는 말까지 생겨났을까.

불확실한 미래에 대한 불안감을 달래기 위해서라도 부모는 무엇이든 해야 한다. 불안감이 높아진 부모는 자녀의 작은 실수에도 곧잘 화가 폭발한다. 그러나 화를 내고 나면 십중팔구 후회가 밀려온다. 아이에게 화를 냈다는 사실에 대해서, 혹은 화가 난 자신에 대해서, 혹은 화가 난 상황에 대해서일 수도 있겠다. 그것이 무엇 때문인지 딱 꼬집어 설명할 수 없다 해도 마음 한편에 찜찜함이 남게 된다면 어떤 행위나 과정이 바람직하지 않았다고 결론을 내리는 것이 좋다. 후회가 되는데도 사고방식이나 행동 양식을 바꾸지 않은 채 그냥 덮고 지나가면 세월이 갈수록 후회조차할 수 없는 강퍅한 성격의 소유자가 될 수도 있기 때문이다.

누군가를 향한 분노는 대부분 자신의 열등의식이 반영된 데에서 기인한다. 특히 자녀는 부모의 투사 대상이 되어 부모의 가치관이나 정서를 흡수하기 쉬운 존재이다. 성적 때문에 괴로워하는아이, 실상 그 괴로움은 본래 아이의 것이 아니다. 부모의 분노와괴로움이 아이에게 전이된 것일 뿐이다.


여기서 비롯된 정말 큰 문제가 바로 '청소년 자살'이다. 우리나라는 OECD 회원국 가운데 청소년 자살률이 유례없는 증가세를 보이고 있는 국가이다. 여타 회원국의 청소년 자살률은 점점낮아지는 데 비해, 우리나라의 청소년 자살률은 지난 10년간 57퍼센트나 높아졌다. 특히 대부분의 경우가 성적, 학교 폭력, 왕따 문제 등이 만들어낸 '충동적 자살'로, 이에 대한 적절한 대책이시급한 상황이다. 통계청이 2012년에 발표한 『사회조사보고서』

에 따르면 13~19세 사이의 청소년이 자살하는 첫 번째 이유가 다름 아닌 성적 및 진학 문제인 것으로 밝혀졌다(39.2퍼센트). 그 다음이 가정불화(16.9퍼센트), 경제적 어려움(16.7퍼센트), 외로움과 고독(12.5퍼센트)라고 보고됐다.

'죽고 싶다. 죽는 게 행복하다. 살기 싫다. … 공부가 잘 안 된 다'는 내용을 남기고 스스로 세상을 떠난 중학생, 야간자율학습 부터 학원까지 하루 17시간 이상 이어지는 공부에 지쳐 목숨을 끊은 고등학생….

우리는 하늘을 날지 못하지만 그 때문에 슬퍼하지 않는다. 우 리는 물고기처럼 물속을 자유롭게 헤엄칠 수 없지만 그 때문에 괴로워하지는 않는다. 부모 없이 고아로 자란 아이는 공부를 못 한다는 이유로, 돈이 없다는 이유로, 고독하다는 이유로 자살하 지 않는다. 누구든 목숨을 끊고 싶은 이유는 단 하나, 관계를 맺 고 있는 사람들로부터 멸시당하기 때문이다.

# 내 욕망의 강요,
# 아이의 진로

유치원, 초등학교의 선택은 부모의 판단에 의해 이루어지지만 상급학교로 갈수록 점차 자녀의 의견에 무게가 실리게 된다. 그리고 이때 부모와 자녀의 희망 진로가 달라서 생기는 알력은 공부 강요로 인해 생기는 불화보다 더욱 강도가 높고 오래가는 경향이 있다.

"고등학교 지원할 때 부모님 허락을 받고 내가 원하는 실업계로 가려고 했는데, 마감일이 지난 후 부모님이 담임선생님께 부탁해서 인문계로 오게 된 일. 완전 억지란 생각이 들고 너무

도 속상해서 원망스럽다." (D고등학교 1학년)

장차 대학에 가고 싶지 않은 아이가 얼마나 있겠는가. 그런데도 아이가 실업계를 지원한 것은 자신의 흥미와 적성을 잘 알기 때문일 터이다. 그러나 부모는 갈팡질팡하다가 뒤늦게 아이의 진로 방향을 돌려놓았다. 고교 진학 후 아이는 성적이 좋지 않았고, 원하는 대학으로 진학도 힘든 상태이다. 진로가 순탄치 못하면 그 책임의 상당 부분을 부모에게 돌릴 것인데, 위 학생의 원망은 이미 시작된 듯하다.

"문·이과 선택을 결정할 때 이과로 가고 싶었는데 부모님이 문과 선택을 강요하셔서 이과를 포기했다. 그때 아버지의 말씀은 '인생을 어렵게 살려고 하지 마'였다. 이과로 가면 내가 힘들었을까? 남들이 하는 대로만 해야 인생이 어렵지 않은 것인지 의문이 간다." (M여자고등학교 2학년)

'문과를 가면 인생이 쉽고, 이과를 가면 인생이 어렵다'는 생각은 아버지 나름대로의 경험에서 우러난 말이겠지만, 일반적으로는 이해하기 힘든 신념이다. 그 신념이 옳든 그르든 자녀가 납득했다면 별문제가 없겠지만, 아이는 아버지의 말을 불신하고 있기 때문에 향후 갈등의 소지를 남기고 있다.

“진로 문제 때문에 부모님과 크게 부딪혔다. 부모는 내 꿈에 대해 무시했고, 내가 살아 있다는 사실에 회의를 느낄 만한 말을 많이 해서 지금까지 큰 상처로 남아 있다. 그때 이후로 난 부모를 부모라 생각하지 않았고, 결국 난 꿈을 접었다.” (S여자고등학교 3학년)

“내가 음악을 좋아하는 것에 대해 아빠는 못마땅해한다. 아빠 자신도 예전에는 좋아했으면서 쓸데없는 낭만이라고 음악을 못 듣게 한다. 나는 심리학을 전공하고 싶고, 작문을 하고 싶고, 결혼은 하기 싫고, 시인의 죽음을 택하고 싶다. 부모님은 내가 교사가 되어 자식 낳고 오래오래 사는 평범한 삶을 원한다. 언제나 나는 부모님을 실망시키며 산다.” (M여자고등학교 3학년)

“부모님에 대해 실망한 적이 한두 번이 아니라서 최초의 실망은 기억조차 나지 않는다. 제일 최근에 실망했던 것은 진로 문제 때문이다. 난 만화가가 꿈이었다. 그런데 이야기를 꺼냈다가 엄마가 쓰러지셨다. 손에 마비가 오고… 정말 황당했다. 아빠가 말씀하셨다. 한번 효도하는 셈치고 네 꿈을 포기하라고, 부탁한다고. 그래서 난 그날 이후로 꿈을 포기하는 수밖에 없었다. 그 후에는 바텐더가 되고 싶다고 말했는데, 좀 심하다

 내 아이를 바라는 대로 키우는 부모 연습

는 생각은 했다. 지금 생각해보니 괜히 말했던 것 같다. 아무튼 그 이후 난 꿈이 없다. 되고 싶은 것도 없다." (D고등학교 2학년)

위 사례의 아이들은 부모와의 힘겨루기에서 지고 난 뒤 자포자기의 심정이 되었다. 만화가가 되고 싶다고 말했는데 엄마가 쇼크 상태에 빠져버렸다니…. 아마도 이 아이의 엄마는 신경쇠약의 늪에서 살고 있는 분인 듯싶다.

되고 싶은 것도 바라는 것도 없다면 껍데기뿐인 삶과 다를 바 없다. 강요받는 일에 대해서는 누구나 책임감을 느끼지 않게 되어 있다. 또한 어른들의 설득과 강요에는 아이의 수동적 공격이 있게 마련이다.

부모의 강압에 의해 진로를 결정하는 것은 바람직하지 못하다. 그렇다고 사례의 아이처럼 바텐더가 되겠다고 주장한다면 부모 입장에서는 기가 막힐 것이다.

"얘가 정신이 어떻게 된 거 아냐?"

하지만 세상 물정 모르는 철없는 아이라고 탓할 일만은 아니다. 진로 발달은 환상기(아동기)-잠정기(청소년 초기)-현실기(청소년 후기~성인 초기)로 진행되는데,[4] 진로에 대한 정보가 부족하고 탐색의 기회가 없는 경우에는 비현실적인 환상기에 오랫동안 머물

수도 있기 때문이다.

진로 선택의 과정은 '탐색-구체화-선택-명료화-순응-개혁-분화와 통합'의 연속 과정인데,[5] 대개의 부모들은 나름대로 경험에 의해 순서를 생략하거나 뒤섞어 생각한다.

"너를 의사로 만들 거야, 엄마가 수립한 계획대로 따라오렴. 아빠는 제작비를 대시고요."

이런 경우 '명료화-가능한 방법 탐색'의 두 가지 절차로 아이의 진로가 설계되는 셈이다. 이 과정에서 아이들의 능력이나 흥미는 거의 묵살되고, 성인이 될 때까지 공부로 시작하여 공부로 끝나는 일과를 계속해야 한다.

"옆집 뒷집 가릴 것 없이 모두 그러는데, 어쩌란 말입니까?"

사실 다른 차들이 과속으로 달리는 상황에서 나 홀로 규정 속도를 지키며 운전하기란 쉬운 일이 아니다. 너도나도 불안하고 초조하니 덩달아 과속 질주하게 된다. 그렇기 때문에 무한 경쟁을 성장의 동력이라고 믿는 사회에서는 소신을 가지고 아이를 양육하는 일에 많은 인내가 필요하다.

세상에 똑같은 능력을 가진 사람은 단 한 명도 없다. 개인차는 자연의 섭리이며, 정도의 차이만 있을 뿐 누구나 어떤 분야에서는 조금씩 장애인이다. 달리기를 못한다고 야단치지 않듯이 공부

---

5　　타이드먼(Tiedman)과 오하라(O'Hara)의 진로 발달 이론이다.

를 못한다고 비난해서는 안 된다. 자녀의 공부에 실질적인 도움을 주기 위해서는 자녀의 특질(trait)을 먼저 이해해야 한다. 중·고등학교에서는 자아 탐색과 진로 탐색을 돕기 위하여 인성검사, 적성검사, 진로 탐색검사 등의 심리검사를 매년 실시하고 있다. 그렇지만 학교에서 실시하는 집단검사는 여러 오염 변인 때문에 정확도가 떨어질 가능성이 있다. 따라서 정확한 진단을 원한다면 전문가에게 의뢰하여 개인검사를 받는 편이 좋다. 그리고 그에 따른 적절한 지도 방법을 상담하는 것도 필요하다. 개인적으로 심리검사를 받는 경우 대개는 자녀와 부모가 동행하게 되는데, 이러한 동행 자체가 자녀에게는 부모의 관심과 애정을 확인할 수 있는 특별한 경험이 될 수도 있다.

충분한 탐색과 이해의 과정을 거쳐 특정한 목표대로 아이를 잘 이끌고 싶다면, 우선 통제와 강요를 멈추는 일부터 해야 한다. 누가 무엇을 하라고 강하게 명령하면 일단 거부하게 되는 것이 사람의 심리이다. 아이든 누구든 내가 원하는 방향으로 이끌어가고 싶다면 상대에게 선택의 기회를 주어야 한다. 영어에 'nudge'라는 단어가 있다. 그 뜻은 '팔꿈치로 살짝 찌르다'이다. 누가 팔꿈치로 툭 치고 눈짓을 하면 대개 따라가게 되지 않던가? 내 뜻에 따르기를 원할수록 억지로 잡아끌거나 떠밀지 않는 기술을 자녀 양육에도 잘 활용할 필요가 있다.

# 준비 없는 부모 노릇,
# 생활 통제

부모가 생활 태도 전반에 대해 필요 이상으로 통제하고 간섭하면 자녀는 자신감과 도전 의식을 잃고 심리적으로 위축된다. 이런 상태가 장기간 지속될 경우에는 매우 소심한 성격이 되거나 반대로 공격적이고 반항적인 성격의 소유자가 되기도 한다.

"난 과잉보호 속에서 살아왔다. 유치원 때부터 현재까지 귀가 시간에 대한 체크가 확실하다. 친구네 집에 놀러간 적도 드물고, 친구네 집에서 잔 적은 더더구나 없다. 불가능했다. 놀이터에서 놀아본 일도 손꼽을 수 있을 정도다. 할머니, 할아버지의 보호 속에서 몇 번 놀아본 정도. 하핫! 부모님의 기대가 나쁘다고는 생각하지 않는다. 일단 나에게 돈을 투자했으니 어쩌면 그 기대가 당연한 것이다. 그렇지만 기대가 어느 정도여야지, 한 번이라도 어긋나면 격려라는 것은 없다. 나의 불성실에 대한 질책. 부모님은 진실한 내가 아닌 또 다른 나를 보고 있다고 생각한다. 부모님의 상상 속에 있는 모범적인 딸. 아빠는 간섭이 많다. 걱정이라고 할 수도 있겠지만, 난 구역질 난다."
(M외국어고등학교 3학년)

위 학생은 '구역질 난다'는 말로 부모에 대한 극도의 혐오감을 토로하고 있다. 한 치의 어긋남도 없는 냉정한 통제와 과잉 기대가 아이를 궁지로 몰아넣은 탓이다. '돈을 투자했으니'라는 대목에서는 부모-자녀의 관계가 삭막한 거래 관계로 전락한 느낌마저 든다. 아이를 반듯하게 깎아낸 알밤처럼 만들기 위해 부모들은 공을 들이지만, 이는 아이가 가진 많은 가능성을 잘라버리는 일이다. 세상을 주도하는 인재들은 아이에게 자유로운 도전의 기회를 주었던 관용적 부모들이 길렀다는 사실을 재삼 상기할 필요가 있다.

정신분석학의 창시자 프로이트는 어린 시절의 경험이 평생의 성격을 결정한다고 보았다. 어린 시절의 경험은 부모의 양육 태도와 밀접한 관련이 있는데, 엄격하고 통제적인 부모의 훈육 방

식이 자녀에게 부정적인 영향을 끼친다는 연구 결과는 일일이 열
거할 수 없을 정도로 너무나 많다.

다음은 부모의 엄격한 훈육 방식 때문에 소극적인 성격이 되었
다고 믿는 아이들의 증언이다.

“말이 많다고 심하게 꾸지람을 받은 것. 별것도 아닌 것 같
지만 아직도 내 기억에 생생하다. 내가 지금 말수가 적은 것은
그때 그 일 때문인가…?” (K고등학교 3학년)

“어떤 물건을 가지고 놀다가 떨어뜨렸는데 조심성이 없다고
맞은 적이 있다. 그 이후로 난 더 조용하고 소심하고 말이 없어
졌고, 사람들은 나를 내성적인 아이로 생각하게 되었다.” (M여
자고등학교 1학년)

부모 효율성 훈련 프로그램(Parent Effectiveness Training, PET)으
로 유명한 토머스 고든(Thomas Gordon)은 엄격한 통제의 위험성에
대하여 다음과 같이 경고하였다.

말을 잘 들도록 훈련받은 아이들은 겁에 질려 있거나 소심
해지거나 불안해질 수 있고, 때로는 훈련시킨 사람에게 적대적
으로 돌변하여 보복하려 들 수도 있고, 어려운 일이나 하고 싶

지 않은 행동을 억지로 익히는 과정에서 육체적·정신적으로 무너져내릴 수도 있다. 힘의 행사는 많은 부작용을 가져올 수 있다. 힘을 주로 사용하는 부모는 사실상 아이에 대한 영향력을 점차 상실하게 된다. 권력은 의식적·무의식적인 저항을 불러일으키기 때문이다.

토머스 고든의 조언은 오랜 세월 아주 많은 학생들을 관찰한 내 경험과도 일치한다. 성격이 원만하고 활달한 아이들의 부모들은 밝게 웃을 줄 알고, 명랑한 기분을 유지하고, 쉽게 화를 내지 않는 사람들이었다. 다음은 한 여고생과의 일문일답이다.

문: 아버지의 장점을 꼽는다면?

답: 아버지요? 자상하세요. 18년 동안 한 번도 화내시는 걸 본 적이 없어요.

문: 어머니는?

답: 센스 있어요. 이것저것 못하시는 게 없고, 옷도 요란하게 입으시죠. 상당히 좋아요. 엄마는 사람을 끄는 매력이 있어서 항상 사람들 사이에서 이리저리 바쁘시죠. 아, 그리고 말이죠. 늘 맞는 말만 하세요. 진짜.

문: 그럼 아버지의 단점은?

답: 과하게 자상하시죠. 당신 의견이 너무 없으세요. 엄마한테

동생한테 저한테 너무 휘둘리기만 하셔서 안타까워요. 아무리 그래도 가장인데…. 운전을 빨리 하시는 게 흠이죠.

문: 그럼 어머니는?

답: 전화기를 너무 오래 붙잡고 계세요. 목소리도 크고… 하하! 엄마 다리가 나보다 가늘어서 내 다리보고 무다리라고 놀려요.

문: 부모님은 평소에 너를 어떻게 대하시니?

답: 엄마는 친구 같아요. 나한테 별의별 이야기를 다 하시고, 칭찬도 참으로 과하게 해서 민망할 때도 있어요. 아빠도 그래요. 같이 놀아주고 싶어 하세요. 부모님은 저를 전적으로 믿고 무조건 제 의견을 따르세요. 방 좀 치우라는 것 말고는 일절 간섭하지 않으세요.

문: 부모님께 실망한 적은 없나?

답: 특별히 실망한 적은 없는데요…. 아, 제 동생이 공부 안 하고 너무 논다고 아빠가 '당신이 일한답시고 애들 교육에 신경을 너무 안 써서 그래' 하고 엄마 탓으로 돌렸을 때 좀 섭섭하긴 했죠. 어쨌거나 말을 안 들은 건 동생 잘못이고 엄마는 그저 개인적으로 좋아하는 일에 열중하느라 조금 신경을 못 쓰신 것뿐이니까요. 제가 아빠한테 그렇게 말씀드렸더니 아빠가 엄마한테 미안하다고 하셨어요.^^

간혹 천연덕스럽게 거짓말을 하는 학생이 없지는 않다. 그러나 이 학생은 면담하는 동안의 어투나 표정을 통해서 부모와의 애정이 돈독하고 가족이 모두 친밀한 관계에 있음을 확연히 알 수 있었다. 화내지 않는 아버지, 친구처럼 놀아주고 칭찬을 많이 하는 어머니, 아이의 건의를 받아들여 사과할 줄 아는 부모의 모습에서 친밀감을 유지하는 노하우를 엿볼 수 있다.

'부모님께 실망한 적이 있다면 언제 어떤 일 때문이었는가?'라는 질문에 '실망한 적이 없다'거나 '기억나는 것이 없다'는 답변을 하는 아이들도 있다. 그렇지만 이러한 진술이 모두 부모에게 충분한 만족감을 느끼고 있음을 의미하는 것은 아니다.

"실망한 거 없어요. 모든 사람은 단점을 가지게 마련이고, 힘들 때 말을 안 들으면 화를 내서라도 고쳐줄 수 있는 거라고 생각해요. 항상 자식에게 잘할 수는 없잖아요." (M여자고등학교 2학년)

"자식이 어떻게 부모에게 실망을 할 수 있어요? 그건 말도 안 돼요!" (K고등학교 3학년)

이 두 학생의 경우는 부모에게 실망한 일이 없었던 것이 아니라, 자신의 가치관 때문에 실망감을 가져서는 안 되는 것으로 생각하고 있다. 특히 K고등학교 3학년 남학생은 부모에 대해 실망을 느꼈던 사건을 열심히 적고 있는 급우들을 둘러보며 어이없다는 표정을 지어 보이기도 했다.

> "아빠가 나를 가끔 때리고 신경질을 부리는 것은 사실이지만, 그런 거(실망) 없어요." (S고등학교 1학년)

고 1 정도의 나이에는 부당한 폭력이나 강압적 태도에 대해 자아 독립과 자유를 향한 심리적인 저항을 할 수 있어야 하는데, 이 학생은 아빠의 폭력에 대해서도 실망한 적이 없다고 썼다. 부모의 권력적 통제에 의해 길들여져 무력해진 경우이다.

> "훌륭한 부모님께서는 저에게 사랑을 많이 주시고, 칭찬과 웃음으로 저에게 얘기를 해주시고, 너그러움으로 저의 잘못을 이해해주십니다. 그래서 저는 기쁘고 행복합니다. 이러한 것들로 저는 입가에 미소가 가득합니다." (K여자고등학교 3학년)

고 3인 위 학생은 부모를 하느님처럼 찬양하고 있어서 답변의 진실성이 의심스럽다. 남에게 잘 보이려고 위장(faking good)한 것이 아니라면 '심리적 성장 지체'일 가능성이 있다. 부모를 영웅시하는 것은 심리적 크기가 어린아이처럼 작다는 것을 의미한다. 육체적 발달에 비해 심리 성숙도가 낮은 경우, 가정 내에서는 별 문제가 없더라도 사회 적응에 곤란을 겪을 가능성이 있다. 또래들로부터 따돌림을 당하는 경우가 그 예이다.

"부모에게 기대한 것이 없으니 실망할 것도 없다." (D고등학교 2학년)

실망할 것이 없다는 이 학생의 진술은 반어이다. 실망이 너무 커서 부모에 대한 마음의 문을 아예 닫아버렸다는 뜻이다.

부모도 불완전한 사람이므로 때로는 잘못할 수 있고 자녀에게 실망을 안길 때도 있다. 그런데 그 실망의 정도가 너무 강하여 깊은 상처를 남기거나 만성적인 스트레스로 지속되는 경우라면 문제가 된다. 빈번히 발생하는 갈등을 지혜롭게 해결하지 못한 채 시간이 흐르면 자녀의 마음속에 한 겹씩 벽이 생겨나게 마련이고, 점차 허물기 어려운 두툼한 장벽이 되어 부모와 자녀 사이를 가로막게 된다.

부모는 자녀가 성공적인 삶을 살기를 기대하고, 자녀들에게 부모 자신이 가치 있게 여기는 것들을 성취하라고 요구한다. 그 가치는 대개 지위와 권력, 부와 명예 같은 파워를 향한 것이다. 파워를 가지게 되면 인간의 기본 욕구인 생존과 안전의 욕구를 충족하는 데 유리해진다. 이런 사실을 체험적으로 알고 있는 부모들은 자녀에게 공부를 강요하며 진로 선택권을 빼앗기도 하고, 생활 태도를 시시콜콜 간섭하고 꾸짖는다. 합리적이고 절제된 꾸지람이라면 아이들이 수긍할 수 있겠지만, 짜증이나 신경질, 비난이나 훈계, 호통이나 욕설 등 예측할 수 없는 공격은 자녀를 불안하게 만들고 결국은 부모에게 저항하도록 만든다.

'절제된 꾸지람'과 '예측할 수 없는 공격'은 많이 다르다. 이는 '혼내는 것'과 '화내는 것'의 차이인데, 부모들은 이 같은 사실을 잘 인식하지 못하고 있거나 혼동하는 경향이 있다.

'혼내는 것'은 아이의 행동에 초점을 두어 따끔한 충고나 훈계를 하는 것이고, '화내는 것'은 아이를 대상으로 비난하고 분노하며 감정을 폭발시키는 것이다. 아이를 혼낼 때는 부모의 정서가 의연하여 비교적 담백함을 유지할 수 있지만, 화를 낼 때는 감정적 흥분 상태가 되어 목소리가 커지고 얼굴이 붉어지거나 떨리는 등 신체적 증상이 나타난다. 물론 처음부터 화를 내고자 하는 의도로 훈계를 시작하는 부모는 별로 없을 것이다. 그러나 가르치는 과정에서 아이가 말귀를 이해하지 못하거나 변명을 늘어놓으면 화가 솟구칠 가능성이 높아진다. 그렇기 때문에 화내는 방식은 말할 것도 없고 혼내는 방식의 훈육도 하지 않는 것이 좋다.

# 좌절로 이어지는
# 통제의 함정

"우리 부모님은 내가 나가서 놀고 싶다고 이야기하면 무조건 '안 돼'라는 말만 한다. 그래서 난 솔직히 말하기보다는 슬슬 거짓말을 하기 시작했고 부모님을 속이는 일이 잦아졌다. 걸린 적은 별로 없었지만, 혹시 걸리면 맞는 것뿐이었다. 구두 짝으로 맞아본 적도 있고, 싸대기 맞는 일은 굉장히 많았다. 결국 나는 아직도 거짓말을 하면서 속이고 있고, 엄마 아빠도 나를 믿지 못하고 자주 때리며 살아간다." (M여자고등학교 2학년)

위 사례는 통제-거짓말-폭력-무력감으로 이어지는 전형적인 관계 악화의 수순을 보여준다. 통제보다는 허용, 비난보다는 칭찬이 유익하다는 사실을 부모들은 모르고 있는 것일까? 머리로는 아는데 실천하기는 어렵다고 부모들은 입을 모은다.

"칭찬이 좋다는 것은 알지만 칭찬할 게 뭐 있어야 하지요. 하라는 공부는 안 하고 친구들과 어울려 싸돌아다니기만 하는데 어찌 그냥 두고 봅니까? 오늘도 도서관에 간다는 핑계로 나갔는데 분명히 친구들과 어울려서 피시방이나 노래방에 갔을 게 틀림없어요. 보다 못해 따지고 들면 변명으로 얼버무리는 데 선수라서 야단치기도 쉽지 않아요. 거짓말이 들통 나서 된통 혼났는데도 도무지 고쳐지지 않네요. 마음대로 하라고 하면 아예 집 밖에다 살림을 차릴지도 몰라요."

아이들은 왜 부모가 극구 만류하는 일을 한사코 하려 드는 것일까? 이것이 바로 통제의 함정이다.

부모가 피시방에 가는 것을 금지하면 아이는 욕구불만이 생긴다. 피시방에서 얻는 즐거움을 잊지 못하기 때문이기도 하지만, 그것이 자신에게 왜 나쁜지를 충분히 이해하지 못한 탓에 미련이 남는 것이다. 이런 상태에서는 부모의 통제가 부당하게만 느껴지고, 피시방에 자유롭게 드나드는 친구들이 부러워질 뿐이다.

통제의 힘이 강하면 강할수록 아이는 좋은 기회를 포착하기 위해 호시탐탐 눈치를 살피게 된다. 하지 말라고 하면 더 하고 싶어지는 인간의 심리 기제는 인지과학자들의 실험으로도 입증된 바 있다. 무엇을 연상하지 말라고 하면 오히려 그것이 각성제 역할을 해서 더욱 그것을 떠올리게 되는 것이다. 그래서 부모의 감시가 소홀해졌을 때, 몰래 또는 적당한 구실을 만들어서 피시방에 가려고 시도하게 된다.

만약 피시방에 가고 싶을 때 언제든지 부모가 허용해준다면 아이들은 굳이 기회를 살필 이유가 없어지게 된다. 물론 피시방을 자주 들락거림으로써 발생할 수 있는 부작용에 대해서는 부모가 알려줄 필요가 있다. 그런데 여기에서 중요한 것은 부모가 아이에게 숙제는 했느냐, 준비물은 챙겼느냐, 다른 일과에 지장은 없느냐 하는 식으로 꼬치꼬치 따져서는 안 된다는 점이다. '조건부 허용'은 자율적인 선택권을 주는 것이 아니기 때문이다. 조건부 허용은 아이에게 자신의 의무를 줄이고 완전한 자유를 획득하고 싶은 욕구를 가지게 한다. 조건부 허용의 양육 방식을 오랫동안 유지하면 부모와 자녀 사이가 흥정 관계로 전락할 가능성이 높아진다. 그래서 자식 이기는 부모 없다는 푸념이 나오게 되는 것이다.

자율적 태도는 묻지도 따지지도 않고 그냥 허용할 때 길러진다. 영리한 아이가 점점 게으름을 피우고 멍청해지는 이유는 부모의 명령이나 지시에 의해 수동적으로 학습하는 습관이 길러진 때문이다. 물론 그러한 습관이 형성된 것이 부모 탓만은 아니다. 부모는 사회의 구성원으로서 사회 관념에 종속된 부분 집합에 지나지 않는다. 아쉽게도 우리 부모 세대는 지시적 주입식교육을 받은 세대로, 객관식에 익숙하다. 자신의 논리나 주장을 펼치는 교육은 받지 못했기 때문에 여전히 신문이나 텔레비전을 통해 알게 되는 피상적인 정보를 토대로 흑백논리의 어느 한편에 서서 찬양하거나 비난하며 우스꽝스럽게 산다. 부모인 나는 아이를 조종할 정도로 충분히 현명한가? 그저 남들이 하는 대로 따라가도록 아이를 통제하고 강요하면 행복해지는 것인가? 냉정하게 생각해볼 필요가 있다.

가정교육 수단은 두 가지밖에 없다. 그 하나는 역할 모델이고, 또 다른 하나는 대화이다.

역할 모델은 부모가 지닌 삶의 태도를 자녀가 자연스럽게 배우게 되는 과정으로 그 어떤 조작도 필요하지 않다. 부모가 소탈하고 개방적이면 자녀도 솔직하고 명랑한 태도를 가지게 되고, 부모가 권위적이고 폐쇄적이면 자녀도 회피적이고 거부하는 태도를 가지게 된다. 후일 자녀가 부모의 위치에 서면 어린 시절 음각 된 부모의 상이 드러나는데, 이는 역할 모델의 효과에 의한 것이다. 하지만 원곡을 토대로 어떻게 편곡하느냐에 따라 노래의 분위기가 확 달라지는 것처럼, 부모로부터 전달된 자산을 어떻게 꽃피우느냐에 따라 인생의 적응력은 극단적으로 달라질 수 있다. 이는 진화하여 발전하는 생명의 자발적 속성에 의한 것으로, 인간 중심상담학의 창시자 칼 로저스(Carl Rogers)는 인간의 이와 같은 속성을 '자아실현 경향성'이라고 명명하였다.

대화는 의사소통의 기본이지만 애석하게도 자녀와의 대화가 거의 없는 가정이 부지기수이다.

"대화요? 평일에는 다들 밤이 늦어야 귀가하니 대화할 시간이 없죠. 주말에도 각자 할 일이 많아서 좀… 소홀했던 것은 사실이에요."

"아이와 대화를 많이 하려고 노력은 했어요. 그런데 아이가 뚱하니 말이 없으니 자연히 대화가 줄어든 거죠."

"대화를 통해 아이를 지도하려고 했습니다. 그런데 부드럽게 타이르면 말을 듣지 않아요. 그렇다고 방임할 수도 없으니까 자연히 호통을 치게 되고, 이거 해라 저거 해라 명령하고 닦달하게 되었죠."

부모-자녀 간 대화의 실종은 '대화에 대한 오해'에서 비롯된다.

어른들끼리의 대화는 서로의 생각을 듣고, 말하고, 공감과 반영을 통해 이루어지는 것이 보통이다. 소곤소곤 이야기하거나 왁자지껄 떠들거나 하는 방식은 중요하지 않다. 대화의 기본 정서는 위안과 즐거움이다. 대화를 통한 정보 교류는 불안감을 완화시키고, 공감과 반영을 통해 즐거움을 얻는다. 만일 대화를 통해 더 불안해지거나 슬퍼지거나 화가 나게 되면 대화의 기능은 중단

되고 오가는 말은 단어의 파편으로 전락한다.

　부모들은 야단치지 않고 부드럽게 말하기만 하면 자녀와 대화하는 것이라고 착각한다. '부드러운 말로 타이르는 것'과 '호통을 치는 것'은 형식상 큰 차이가 있는 것 같지만 본질은 유사하다. 전자는 회유요, 후자는 명령일 뿐 대화가 아니라는 점에서 그렇다. 지시나 훈계 또한 마찬가지다. 아무리 부드럽게 말해도 부모의 의도를 관철시킬 목적을 가지고 있다면 대화일 수 없는 것이다. 대화는 쌍방향의 의사소통일 때만 성립된다. 따라서 부모가 아이의 생각이나 의견을 가치 없는 것이라고 판단하여 묵살하려 들면 더 이상 대화가 진행될 수 없다. 아이도 부모의 의견을 묵살하면 그만이다. 쌍방향의 의사소통이 아닌 명령, 훈계, 설교, 비난 등의 지시적 훈육은 자녀가 청소년기에 이르면 저항에 부딪히기 십상이다.

　"중학생이 되더니 점점 더 말을 안 들어요. 사춘기가 와서 그렇겠죠?"

　사소한 일에도 신경질적인 반응을 보이고 저항하는 아이의 태도에 대해서 '사춘기라 그런가 보다'라고 생각하면 용납하는 일이 한결 쉽기는 하다. 그렇지만 어릴 적부터 친밀한 대화를 통해 의사소통하는 부모와 자녀 사이라면 청소년기가 되었다고 해서 부모에게 저항해야 할 특별한 이유가 생기지는 않는다. 이 시기가 신체 호르몬의 분비와 더불어 남성과 여성의 특성이 구체화되는 특별한 시기이기는 하지만, 그로 인해 질풍노도의 반항을 할 것이라는 논리는 설득력이 부족하다. 오히려 사춘기는 '당황한 어른들이 지어낸 일종의 심리적 완충장치가 아닐까' 하는 의심마저 든다. 엄밀히 말해서 청소년기에 이르면 단지 부모에게 저항할 힘이 더 생긴 것뿐이다. 사실 부모에게 저항하는 시기는 청소년기뿐만이 아니다. 유아기나 아동기 때부터 저항이 심할 수도 있고, 청년기나 장년기 이후가 되어서야 비로소 완강한 저항을 보일 수도 있다. 늙고 병든 부모를 외면하고 봉양하지 않는 자식들 중에는 과거 부모의 몰인정했던 처사를 떠올리며 반감을 표출하는 경우가 많으니, 사춘기의 저항은 오히려 미약한 것이라고도 할 수 있다.

부모와 자녀는 친구처럼 대화하고 소통해야 한다. 대화는 서로의 생각이나 의견을 존중하는 과정이라야 한다. 부모가 먼저 아이의 입장이 되어 생각해보고, 아이의 말을 경청하고, 수용하려는 자세를 가져야 한다. 부모가 이러한 태도를 가질 때 아이는 역지사지의 배움을 얻게 되어 차차 부모의 입장에서 생각하고 행동하려 할 것이다. 바쁘게 돌아가는 일상에 얽매여 살다 보면 부모와 자녀 사이에 대화를 나눌 시간이 턱없이 부족해지는 것도 사실이다. 그래서 때로는 지시나 명령의 방법을 써야만 할 때도 있다. 이런 경우에도 강압적인 느낌이 들지 않도록 신경 써야 한다.

“넌 구제불능이야”라든가 “넌 버르장머리 없는 놈이야”처럼 아이의 인격 자체를 깎아내리는 언어는 절대 금물이다. 굳이 지적해야 할 필요가 있을 때는 아이를 나무라지 말고, 아이의 행동으로 인해 빚어진 상황과 감정을 자신의 입장에서 말해야 한다. 예를 들어 “네가 틀어놓은 음악 소리 때문에 아빠가 책 읽기에 집중하기 어렵구나” 하는 식의 자발적인 협조를 구하는 것이다. 그러면 대부분의 아이는 마땅히 볼륨을 줄이거나 음악 듣기를 중지할 것이다. 혹여 아이가 아버지의 청을 무시한다면 왜 그러는 것인지 주의를 기울여 살펴봐야 한다. “야! 시끄러워 미치겠다. 당장 끄지 못해!” 하고 윽박지르면 감정이 상하고 관계만 나빠진다. 아이들은 그 같은 태도를 가진 부모더러 ‘독재자’라고 표현한다. 독재자가 언제까지 군림할 수 있을런지…. 반전의 미래, 노년은 짧지 않다.

   내 아이를 바라는 대로 키우는 부모 연습

# 칭찬이 아니라 소통이다

"내 친구 아들, 또 그 친구의 딸…. 걔들처럼만 해봐. 종일 업고 다닐 거야."

많은 부모들이 비교를 통해 내 아이는 잘하는 게 없다고, 칭찬할 게 없다고 푸념한다. 부모들은 원인과 결과가 뒤바뀌었다는 사실, 사소한 장점이라도 칭찬해야 능력이 개발되고 점점 더 잘할 수 있게 된다는 진리를 간과하거나 깨닫지 못하고 있는 경우가 많다.

아기가 아장아장 집 밖으로 걸어 나오며 마주치는 사람들에게 인사를 한다. 어른들은 "아유, 예뻐라. 인사도 잘하네"라며 머리를 쓰다듬고 칭찬을 한다. 아기는 성공적인 경험을 하였으므로 이후로도 계속 인사 잘하는 아이로 성장한다. 칭찬은 긍정적인 행동을 강화하기 때문이다. 이와는 반대로 '인사 좀 제대로 하고 다니라'는 핀잔이나 지적을 받으면 아이는 점점 인사를 안 하게 된다. 핀잔이나 지적에는 '꼴 보기 싫다' '언짢다'는 정서가 담겨 있기 때문이다.

우리나라에 있을 때 특별한 재능이라고는 하나도 없어 보였던 지극히 평범한 고 1 학생이 미국으로 1년간 연수를 다녀와서는 미술을 전공하겠다고 말했다.

"네가 미술에 재능이 있는 줄은 몰랐구나…. 미국에 있는 동안 어떤 특별한 공부라도 하고 온 거니?"

"아뇨, 저도 미술에 재능이 있다고 생각한 적은 한 번도 없었어요. 그림을 그려서 칭찬받은 적도 없었고요. 그런데 미국 학교 선생님이 '원더풀!' '굿!'이라며 칭찬을 얼마나 하던지, 저 스스로도 놀랐고 점점 자신감이 생기더라고요."

이 아이는 미술뿐만 아니라 수학 과목에도 흥미가 생겼다고 했다. 우리나라에서는 중학교 1학년이면 풀 수 있는 문제를 거기서 풀었더니 미국 아이들로부터 천재라는 찬사가 쏟아졌다는 것이다. 이에 고무된 아이가 학습에 자신감을 가지게 된 것은 커다란 수확이 아닐 수 없다. 이 아이는 2년 후 자신의 희망대로 유명 대학의 어엿한 미대생이 되었는데, 칭찬을 통해 잠재 능력이 개발되고 육성된 좋은 사례이다.

긍정적인 행동을 강화시키고 부모와 자녀의 친밀한 관계 형성을 돕고자 하는 목적의 칭찬이라도 잘못 사용하면 의도했던 것과는 다른 결과를 가져올 수 있으므로, 다음과 같은 점을 유의해야 한다.

첫째, 칭찬을 할 때는 아이와 눈을 마주쳐야 한다. 인사치레로 하는 칭찬이나 허위성 칭찬은 별 효과가 없거나 오히려 거부감을 준다. 칭찬에 있어서 가장 중요한 것은 진실성이다. 눈은 마음의 거울이라서 눈을 마주치면 보다 진실할 수 있다. 칭찬할 때는 아이의 눈을 응시하라. 진심이 우러나는 데다 그 진심을 잘 전달할 수 있는 방법이다.

둘째, 아이를 칭찬하는 것보다 아이가 한 행동을 칭찬해야 한다. "청소를 잘하니 너는 정말 착한 아이다"라는 표현은 아이를 칭찬하는 것이고, "네가 청소를 해놓은 덕분에 엄마는 여유가 생겼다. 고맙다"라는 표현은 아이의 행동을 칭찬하는 것이다. '청소를 잘했기 때문에 착한 아이'라는 말은 '청소를 안 하면 나쁜 아이'라는 인식을 심어줄 수 있다. '착하다'는 말을 듣기 위해 어떤 행동을 하게 된다면 이른바 '콩쥐 콤플렉스'에 시달리게 될 가능성도 있다. 자신의 욕구를 억압하고 콩쥐가 되는 것은 자신을 희생하는 것이다. 동화 속의 콩쥐는 원님의 사랑을 얻음으로써 행복을 선물 받고 변함없이 착한 사람으로 살아가지만, 현실에서는 그렇지 못한 경우가 많다. 어릴 때는 자신보다 강한 사람들에 둘러싸여 지내므로 착하게 보이기 위해서라도 감정을 억누르고 복종하지만, 억압된 스트레스는 장차 히스테릭한 성질로 비화할 가능성이 높다. 어른이 되거나 지위가 높아지면 자신보다 어리거나 지위가 낮은 사람에게 그 보상을 받아내려 하기 때문이다. 밖에서는 착한 사람이 집에 오면 별로 그렇지 않은 이중적인 태도를 가지고 있는 경우, 억압과 결핍에 대한 보상 심리가 작용하는 것으로 해석할 수 있다. 따라서 어릴 때부터 어떤 행동을 적극 칭찬하되 자녀가 로봇처럼 복종하기를 바라서는 안 된다. 복종을 강요하면 건강한 독립체로 성장하기 어렵다.

셋째, 칭찬은 실제에 근거한 것, 아이의 성취욕을 촉진할 수 있는 현실적인 것이라야 한다. 아이가 실현하기 힘든 이상적인 목표를 제시하는 칭찬은 오히려 자신감을 떨어뜨리게 된다. 예를 들어 “넌 정말 진지하고 성실하게 공부하니까 반드시 1등 할 거야”라는 칭찬에는 부모의 기대가 한껏 담겨 있어서 부담스럽다. 죽어라 공부해도 1등을 못하면 어쩔 것인가? 부모들은 실제에 근거한 아이의 행동은 칭찬할 것이 별로 없다고 믿기도 한다. 그런 편견은 아이의 결점에만 평가의 초점을 두기 때문에 생긴다. 아무리 지독한 말썽꾸러기 아이도 단점보다 장점이 훨씬 많다. 아이의 장점이 무엇인지를 알아내는 것은 부모의 긍정적 시각에 달려 있다. 눈 씻고 찾아봐도 단점이 더 많아 보인다면, 이는 부모의 시각이 부정적인 쪽으로 작용하는 탓이다. 예를 들어 아이가 어떤 선택을 쉽게 하지 못할 때, 이를 '신중하다'고 보느냐 또는 '우유부단하다'고 보느냐 하는 것은 관찰자인 부모의 시각에 따라 달라진다. 신중하다고 보면 아이는 그 성향을 장점으로 승화시킬 수 있지만, 우유부단한 것으로 보면 심리적 성숙이 더디거나 심리적 퇴행이 일어날 수 있다.

"우리 아들은 참 신중하구나. 남들 같으면 얼렁뚱땅 결정하고 말 텐데 심사숙고하는 자세가 훌륭해. 아빠가 네 선택에 도움을 주고 싶은데, 결정하기 어려우면 도와주마. 하지만 때로는 혼자서 과감하고 신속한 결정을 내려야 할 때도 있다는 것은 잊지 마라."(긍정적 시각을 가진 부모의 말)

"참 답답하구나. 그거 하나 결정하는데 뭘 그리 뜸을 들이냐! 남자가 배포가 커야지, 우유부단해서… 세월이 널 기다려주냐?"(부정적 시각을 가진 부모의 말)

이처럼 아이의 동일한 성격 특성이 부모가 바라보는 시각에 따라 전혀 다르게 평가될 수 있으며, 그에 따라 자녀에게 미치는 영향도 크게 달라질 수 있다. 긍정적 시각으로 바라보면 아이는 자신이 가진 특성을 장점으로 발전시키고 단점을 보완해나갈 수 있지만, 부정적 시각으로 바라보면 자존감이 낮아지고 점점 더 어찌할 바를 모르게 될 것이다.

넷째, 자녀가 둘 이상이라면 다른 자녀를 배려하며 칭찬해야 한다. 자녀가 여럿이면 여럿인 만큼 저마다의 능력과 개성이 다르다. 이 때문에 부모가 설정한 동일한 기준을 적용하여 칭찬하고자 하면 특정 아이에게 칭찬이 편중될 수밖에 없다. 따라서 저마다의 개성을 긍정적으로 평가하여 칭찬해야 한다. "너는 공부를 잘하니 좋고, 너는 태평하니 좋고, 아무렴 어떠냐. 그냥 내 자식이라 좋다."

# 진정성을 담는다는 것

칭찬하기가 멋쩍거나 그럴 만한 기회가 많지 않을 때는 간접 칭찬의 방법을 쓸 수 있다. 간접 칭찬은 칭찬의 대상에게 직접 하지 않고 타인을 통해 전해지도록 하는 것인데, 학교처럼 많은 아이들이 전달자의 역할을 할 수 있는 곳에서 사용하면 더욱 효과적이다.

"영숙이는 공부도 열심히 하고 학급 일도 잘하는 데다 교우 관계도 원만하니 기특하구나."(영숙이에 대한 직접 칭찬)

"참! 네 짝 민희와 친하던데, 민희는 성격이 좋아 보이더라. 늘 웃는 모습인 데다 양보심도 많은 것 같더구나."(민희에게 전하는

간접 칭찬)

영숙이를 통해 선생님의 칭찬을 전해 들으면 민희는 무척 기분이 좋아질 것이고 선생님에 대한 호감도 커질 것이다. 만약 선생님이 민희를 교실에서 직접 칭찬하면 어떨까?

"여러분, 민희는 늘 웃는 모습이고 양보심도 많아서 정말 천사 같지 않아요? 청소도 얼마나 열심히 하는지 우리 학급의 보배예요. 모두 민희를 본받으세요."

특정 아이에 대한 과도한 칭찬은 그 아이를 민망하게 만들 뿐이다. 또한 다른 아이들의 질투심을 불러일으키게도 한다.

"민희는 천사 보배… 그럼 우리는 뭐임?"

어른들의 예쁨을 독차지하는 아이는 또래 아이들로부터 왕따의 대상이 될 수 있다. 때문에 특정 아이에 대한 과도한 칭찬은 금물이다.

간접 칭찬을 할 때 유의할 것이 있다. 칭찬한 사실이 빨리 전달되기를 기대해서는 안 되며, 생색을 내서도 안 된다.

"내가 널 얼마나 칭찬하고 다니는 줄 아니?"

조급증이 앞서서 이런 말을 뱉는다면 '나는 너에게 선물을 했으니 고마워하라'는 공치사가 되어버린다.

"그랬어요? 고맙네요…."

고마워하길 기대하는 사람에게 고맙다고 말했으니 그것으로 끝이다. 칭찬에 목적이 있었으니 진실성은 사라지고 고마운 감정도 남지 않게 된다. '왼손이 하는 일을 오른손이 모르게 하라'는 경구는 '좋은 일을 하되 스스로 자랑하지 마라'는 뜻인데, 좋은 일을 하면 언젠가 알려지기 마련이니 값싸게 떠들지 않아야 훨씬 빛난다는 깊은 속뜻이 있지 싶다.

핵가족인 경우 간접 칭찬을 전달할 제삼자가 없으므로 부부가 그 역할을 할 수 있다.

"애야, 네 아빠가 며칠 전에 친구들 모임에서 네 칭찬을 많이 하더라. 자식 자랑하는 사람은 팔불출이라던데 내가 민망해서 혼났다."

아이는 분명 아빠에게 고마운 마음을 가질 것이고 더 잘해야겠다는 다짐도 할 것이다. 직접 칭찬은 종종 아부처럼 들릴 수도 있지만, 간접 칭찬은 그럴 염려가 적다. 친척이나 이웃 또는 학교나 학원 선생님에 의해서 부모의 칭찬이 전달될 때 자녀는 한층 고무된다.

일기장이나 전화를 이용하는 것도 칭찬의 한 방법이다.

"엄마가 타인과 전화 통화를 하면서 비밀스럽게 나를 욕했다. 너무나 속상하고 실망스러웠다." (K고등학교 3학년)

위 사례의 아이처럼 자신을 비방하는 말을 우연히 엿듣게 되거나 타인을 통해 전해 듣게 되면 뒤통수를 맞은 것처럼 기분이 몹시 언짢아진다. 마찬가지로 나를 칭찬하는 소리를 우연히 엿듣거나 타인을 통하여 듣게 되면 진정성이 느껴지기 때문에 감동할 수도 있다. 일기장은 사적이고 비밀스러운 것이지만 아이를 생각하는 진심을 글로 적어 놓으면 좋다. 부모 자신이 뿌듯해지고 아이에 대한 애틋한 사랑도 더 커지기 때문이다.

# 잘못에 대처하는
# 부모 자세

어릴 때 칭찬을 많이 받아보지 않은 사람은 남을 칭찬하는 일에 인색할뿐더러, 어쩌다 칭찬할 때도 방법이 서툴고 어색한 경우가 많다. 또한 자신의 감정을 개방하지 못하고 자주 억압했던 사람은 상대방의 눈을 쳐다보며 솔직한 마음을 전달하는 일이 여간 어려운 게 아니다. 그렇기 때문에 감정의 절제를 미덕으로 배우며 자란 우리나라 부모들은 칭찬하기에 인색하고, 어떤 일에 대해서 칭찬을 해야 할지 말아야 할지 부부 사이에도 의견이 달라 충돌을 빚기도 한다.

아들이 급우와 싸움을 했다면 부모는 어떻게 해야 좋을까?

“잘했다. 남자는 지면 못쓴다!” 하고 두둔해야 할까, 아니면 “아이고 이 말썽쟁이야, 너 또 사고 쳤구나!” 하고 야단쳐야 할까.

싸움을 했다면 결코 잘한 일은 아니다. 친구와의 갈등을 해결하는 보다 현명한 방법도 있었을 테니까. 이런 경우 부모는 화를 내지 말고 아들에게 자초지종부터 들어야 한다. 부모가 화부터 내면 아이는 겁을 집어먹고 사실대로 말하지 않을 것이다.


“어쩌다가 친구와 다투게 된 거니?” (사건의 원인 파악)

“그 자식이 나한테 공부 못한다고 놀리잖아요.”

“그랬구나, 화날 만하다. 참기 어려웠나 보구나?” (공감과 반영)

“그래도 처음에는 싸우지 않으려고 했는데….”

“그래, 옳은 생각을 했다. 어지간한 일은 참는 게 좋지.” (칭찬과 바람직한 가치교육)

“그런데도 계속 놀리잖아요….”

“그래서 더 참을 수 없어 주먹을 날렸구나?” (적극적 반영)

“네.”

“그래서 결과가 네 마음에 드니?” (아이의 감정 파악)

“… 교무실에 불려가서 혼났어요.”

“저런, 많이 혼났니? 속상했겠다.” (공감적 이해)

“….” (서글픔, 수긍)

“다음에 또 그런 경우를 당하면 어떻게 하는 것이 더 현명한

방법인지 아빠와 함께 생각해보자."(대화 요청)

위 사례의 아빠는 경청과 공감 그리고 칭찬을 곁들여 가며 대화를 끌어갔다. 이처럼 아이가 잘못을 저지른 상황에서도 아이 나름대로 노력한 부분을 인정하고 긍정적인 면을 찾아내어 칭찬하는 일은 꼭 필요하다. 속상하거나 분노한 상태에서는 대화가 부질없기 때문이다. 처음부터 부정적인 시각으로 접근하여 훈계하면 아이는 건성으로 잘못했다고 할 것이다. 공감적 이해를 통해 아이의 속상한 마음이 풀려야 비로소 참 대화가 가능해진다.

대화하지 않고 훈계로 가르치는 방식은 저항이 뒤따른다.

"왜 싸웠어?"(추궁)

"그 자식이 나한테 공부 못한다고 놀리잖아요."

"그러게 이놈아, 아빠가 공부 좀 열심히 하라고 했잖아! 놀림받아도 싸지, 쯧쯧."(빈정거림)

"처음에는 싸우지 않으려고 참았는데…."

"그럼 이 녀석아, 계속 참든가 왜 싸움질을 해!"(비난)

"계속 놀리잖아요! 씨."(반발)

"놀리는 놈도 나쁘지만, 너도 나빠. 그래, 너 잘났다. 두고 보자. 나도 열심히 공부해서 널 이기고 말 것이다. 뭐, 이런 오기라도 품어야지."(훈계, 질책)

“….” (침묵, 외면)

“그래서 너 선생님한테 혼났지?” (부정적인 예상)

“….” (침묵, 서러움)

“거봐라. 쌤통이다. 선생님이 널 어떻게 생각하겠니? 가정교육도 제대로 못 받은 녀석이라고 부모까지 흉보셨을 거야.” (빈정거림, 부정적인 가정)

“….” (침묵, 위축감, 거부감)

“그래, 선생님께 혼나고 나니까 네가 한 일이 잘못이라는 걸 느꼈겠지?” (잘못에 대한 확인 강조)

“….” (침묵, 불인정, 혼란)

“너 다음에 또 싸울래, 안 싸울래?” (단순 논리 선택 강요)

“….” (난감)

“왜 대답이 없어? 또 싸울래, 안 싸울래?” (추궁)

“… 안 싸울게요.” (회피를 위한 굴복, 눈가에 물기가 어림, 속상함)

“됐다. 가서 세수하고 와. 밥이나 먹자.” (안쓰러움, 용서)


위 사례의 아빠는 빈정거림, 비난, 훈계를 통해 가르치려고 한다. 아이는 반발심, 위축감, 난감한 심정이 교차하지만 결국 아빠가 원하는 답을 말한다. 그리고 상황은 종료된다.

학교나 가정에서 흔히 볼 수 있는 이런 장면은 각본대로 진행되는 연극적 대화에 지나지 않는다. 여기서 아이는 어떤 교훈을 얻었을까? '싸우면 어른들을 화나게 만든다' '대답을 강요할 때는 예라고 대답하자' '슬픈 표정을 지으면 용서받기 쉽다' 등이 아닐까?

사례의 아이에게 가르쳐야 할 것은 '누가 날 놀릴 때 어떻게 처신해야 좋은가?' 하는 대인 관계 기술과 '화가 날 때 어떻게 해야 하는가?' 하는 감정 처리법인데, 정작 아이가 학습한 것은 잔소리를 모면하는 방법이다. 이런 연극적 장면을 자주 경험한 아이는 점차 어른의 훈계를 하품하듯이 흘려듣게 된다.

공감적 이해의 과정이 결여된 일방적 훈계는 잔소리로 전락한다. '잔-소리' '잔-꾀' 등에 붙는 접두사 '잔-'은 '가늘고 작은' '자질구레한'의 뜻을 품고 있다. 아이가 어른의 잔소리를 많이 듣게 되면 잔꾀만 늘어난다.


참대화는 경청과 반영, 공감과 이해의 과정이 포함된 쌍방향의 의사소통이다. 사람들은 왜 또래끼리 어울리려 하는가? 또래는 참대화를 할 수 있는 관계이기 때문이다. 권위주의가 개입되면 참대화를 나누는 것이 불가능해진다. 우리는 권위주의 시대를 오랫동안 살아온 탓에 권위주의에 물들어 있는데도 자각하지 못한다. 그래서 의사소통의 부재니 하는 말로부터 자유롭지 못하다. 부모-자녀, 스승-제자, 상사-부하, 선배-후배 모든 관계에서 권위주의를 털어내야 비로소 참대화가 가능해진다.

# 13

# 나는 어떤 부모일까?

전교 1~2등을 다투는 한 학생이 있었다. 수업 태도는 과히 좋지 않았다. 졸고 있지 않으면 마치 '난 당신이 가르치는 것을 다 알고 있어'라는 듯 시큰둥한 표정을 짓곤 했다. 아이의 태도가 왜 그렇게 냉소적인지 궁금하여 담임선생에게 물었더니 "그 애 아버지가 대입 학원 원장이거든요. 아마 전 과목을 학원에서 개인 지도 받고 있을 거예요" 하고 말하면서, 의대가 목표인 아이라고 덧붙였다.

학원장 아들, 전 과목 개인 지도, 의대가 목표…. 이런 것이 아이의 심드렁한 태도와 무슨 상관이 있는가? 고개를 갸웃하지 않을 수 없었다.

1학기 기말고사 성적 통지가 나오고 나서 며칠 후, 아이들의 입소문을 들었다.

"걔가 전교 2등이래. 근데 걔네 아버지한테 엄청 까였다더라. 1등이 아니고 겨우 2등이 뭐냐고, 헐~."

소문이란 과장되기 마련이지만, 그 아이의 맑지 못한 시선을 떠올리면 뜬소문만은 아니었지 싶다.

아이는 그해 입시에서 낙방의 고배를 마셨다. 재수하여 의대에 합격하기는 했지만, 과연 행복한 나날을 보내고 있을지….

고 3 담임을 맡았을 때의 일이다. 공부는 못하지만 얼굴에 웃음이 떠나지 않는 희열이, 별 실력도 없으면서 밴드 보컬을 한다고 천방지축 바쁘던 후달이의 수능 성적이 좋을 리는 만무했다. 아무리 성격 좋은 녀석들이라고 해도 한숨밖에 나올 것이 없는 성적이었다.

수능 성적표가 나오면 담임들은 대개 점수가 잘 나온 학생들부터 상담하게 된다. 저조한 성적표를 받은 학생들은 낙심한 마음을 추슬러야 할 시간도 필요하기 때문이다. 개중에는 며칠 동안 학교에 나타나지 않는 경우도 있고, 아예 연락이 두절되는 아이도 종종 있다.

원서 마감일이 며칠 남지 않았을 때 희열이가 어머니와 함께 찾아왔다. 올 것이 왔구나, 무슨 말을 하려나? 재수한다고 하면 뭐라고 조언하지? 순간 고민스러웠다. 그러나 희열이 어머니는 온화한 미소를 띤 채 예닐곱 개의 원서를 책상 위에 내려놓았다.

"선생님, 우리 희열이가 시험을 못 봐서 죄송스럽네요. 그렇지만 꼼꼼하게 살펴보니 지원 가능한 대학이 없는 것은 아니었어요."

희열이는 겸연쩍은 표정을 짓고 있었지만 마음은 평온하고 행복해 보였다. 알고 보니 희열이 어머니는 입시 관련 책자를 여러 권 구입하여 샅샅이 분석하고 인터넷 검색을 하느라 며칠 밤을 새웠다고 한다. 원서를 작성하는 동안에도 희열이 어머니는 내내 미소를 잃지 않았다.

희열이가 원서 작성을 마치고 돌아간 뒤, 후달이가 어머니와 함께 교무실 문을 두드렸다.

"호호호, 선생님~ 그동안 안녕하셨지요?"

"아, 네, 어서 오세요. 그러지 않아도 기다리고 있었습니다."

"아유~ 깔깔깔. 뭘 기다리셨어요? 후달이 점수가 워낙 개판인데요, 깔깔깔. 아! 그렇지만 여기는 갈 수 있을 것 같은데, 선생님 두 대학 중에 어디가 더 좋은지 좀 봐주세요."

내어놓은 원서를 보니 충청권과 호남권에 있는 대학이었다.

"두 대학 모두 서울에서 멀기는 하지만, 아무래도 좀 더 가까운 쪽이 낫지 않겠어요?"

"그렇죠? 거봐 후달아! 이 엄마 말이 맞지? 내가 뭐라 했니, 하하하."

이듬해 스승의 날, 머리를 온통 빨간색으로 물들인 후달이가 찾아왔는데 여전히 싱글벙글했다. 쾌활하고 낙천적인 성격은 어머니에게 물려받은 모양이다. 참 행복한 모자였다.


부모의 질책을 받으며 일류 대학을 가고, 남 보기에 좋은 직업을 가지면 행복해질까? 행복하지 않은 사람은 남에게도 행복을 나누어 줄 수 없는데….

끝없는 상향 욕구에 시달리며 우리는 아이에게 무엇을 바라는 것일까? 결핍의 욕구를 내 아이가 대신 채워주기를 기대하며 희생양으로 만들고 있는 것은 아닌지 돌아볼 일이다.

# 14

# 편애하는 부모

형제자매는 혈연으로 맺어진 가까운 사이지만, 부모의 사랑을 놓고 다투는 경쟁자이기도 하다. 그래서 부모가 자신이 아닌 다른 자녀를 더 좋아하고 챙긴다는 생각이 들면 질투하고 시기하며, 때로 부모를 원망하기도 한다.

설문 조사 결과, 동생보다는 형의 위치에 있는 아이가 부모의 편애에 대하여 더 민감하게 느끼고 있는 것으로 나타났다. 형들의 실망 사례 수는 동생들의 것보다 2.2배 많았으며, '속상하다' '서럽다' '화가 난다' 등 감정 표현도 상대적으로 강했다.

"동생이 태어나서 사랑을 빼앗겼을 때 무척 속상했다. 세 살

때인데도 불구하고 아직까지 그 기억이 생생하다."(Y고등학교 1
학년)

"네 살 때부터인가 어머니께서 동생만 좋아한다고 느꼈던
것 같다. 초등학교 2학년 때는 동생과 싸웠는데 아버지에게 빗
자루가 부러지도록 맞았다. 그때부터 아버지를 좀 꺼려했다.
그래서 어릴 적부터 초등학교 시절까지 동생과 사이가 별로 좋
지 않았다."(D고등학교 1학년)

통상 4세 이전의 경험은 해마가 성숙되지 못하여 기억이 나지
않는 법인데, 위 사례의 두 아이는 3~4세 어린 시절의 기억을 보
고하였다. 동생에게 어머니의 사랑을 빼앗겨서 무척 속상하고 당
황했던 것으로 보인다.

"나한테 동작이 느리다며 동생을 닮아보라고 엄마가 말했

다. 그러면서 동생을 더 좋아했을 때 진짜 많이 섭섭하고 실망했다."(K고등학교 1학년)

"동생과 성적 비교하면서 인격을 무시할 때, '네가 그렇지 뭘'이란 말을 들었을 때 무척 화가 난다."(S여자고등학교 2학년)

위의 두 학생은 동생과 비교를 당하면서 핀잔 들었던 경험을 진술하였다.

자녀가 여럿인 집에서는 부모들이 버릇처럼 '형처럼만 해봐라' 또는 '동생보다 못하냐'는 소리를 입에 달고 있는 경우가 많다. 세 살배기 아이에게서도 배울 것이 있는데 남도 아닌 형제끼리 서로 보고 배우라는 것이 뭐 그리 잘못된 말인가 싶겠지만, 부모의 인정과 사랑을 먹고 자라는 아이들에게는 꽤 아픈 상처가 될 수 있다.

"매 맞고 실망한 것보다 아빠가 동생과 차별한다는 느낌이 들었을 때 가장 실망했다. 내가 게임기를 가지고 싶다고 했는데도 크리스마스 선물로 동생 것만 사 왔다. 오래된 일이지만 그때는 정말 혼자 펑펑 울었다. 9년이 지난 지금도 생생하게 기억하고 있다."(M고등학교 2학년)

"여섯 살 때 친구 집에서 놀다가 저녁 여섯 시쯤 들어왔는데
엄마가 나를 내쫓은 일. 네 살인 동생은 친구 집에서 놀다가 열
시쯤 돌아왔는데 혼내지 않았다. 어쩌면 이렇게 차별할 수가!"

(K중학교 1학년)


위의 두 아이는 구체적인 사건을 예로 들어 부모에 대한 섭섭
함을 토로하였지만, 단 한 번의 사건만으로 실망했다고 보기는
어렵다. 평소에 느끼고 있던 편애에 대한 느낌이 특정 기억에 부
착되어 표현된 것이라고 할 수 있다.

어린아이에게 부모는 절대적 존재이며, 부모의 애정과 관심이
전 재산이나 다름없다. 이를 새로 태어난 동생에게 상당 부분 넘
겨주어야 하는 형은 상실감을 느낄 수밖에 없다. 형이나 언니도
부모의 돌봄을 필요로 하는 어린아이인데, '너는 다 컸으니 동생
에게 양보하라'는 요구나 '동생을 잘 돌보라'는 책무는 아이 입장
에서 부당하게 느껴지고 정서적으로도 수용하기 힘들다. 반면에
동생은 그런 감정에 대해 잘 알지 못한다. 동생도 차츰 커가면서
형과 경쟁하게 되지만 어느 정도는 형의 기득권을 인정하기 때문
에 고통의 정도가 형보다 훨씬 덜한 것 같다. 열등감 연구로 유명
한 심리학자 알프레트 아들러(Alfred W. Adler)는 형제의 출생 순위
에 따른 생활양식의 차이를 다음과 같이 설명하였다.

첫째 아이는 부모의 헌신적인 관심과 애정을 받을 수 있는 자리를 동생이 태어남과 동시에 빼앗기고 만다. 여기에서 생긴 분개는 동생과 부모에게로 향하게 된다. 부모의 사랑을 되찾으려는 온갖 노력이 좌절됨으로 인해 그는 다른 사람들에게서 애정과 인정을 받기 위한 전략을 독립적으로 발전시킨다. 둘째 아이는 형처럼 헌신적인 사랑을 받지 않았기 때문에 동생이 태어나도 형과 같은 박탈감을 느끼지 않는다. 형을 경쟁자로 생각하기 때문에 발달 속도가 빨라지기도 한다. 막내 아이는 가족들의 사랑을 아낌없이 받기 때문에 형들을 능가하려고 많은 노력을 한다. 그러나 주위의 모든 가족이 자기보다 크고 강하기 때문에 심한 열등감을 경험할 수도 있으며 사랑을 독차지하는 위치에서 독립심이 부족할 수도 있다.

다음은 부모의 편애에 대한 동생들의 항변이다.

"초등학교 입학 첫날, 부모님이 나를 학교에 데려다 주실 줄 알았는데 일하느라 바쁘다고 누나랑 가라는 것이었습니다. 누나가 입학할 때는 데려갔으면서…. 지금이야 이해하지만 그때는 부모님이 저를 사랑하지 않는구나 하고 실망하였습니다."
(D중학교 1학년)

"항상 형은 허약하다고 하면서 맛있는 것도 많이 사 주시고 옷도 많이 사 주셨다. 나는 항상 먹는 것도 형보다는 조금… 옷도 형 것만 물려 입었다." (K고등학교 1학년)

"내 용돈은 일주일에 3,000원이다. 나는 용돈을 모아 CD를 사는데, 한 장을 사려면 3주일 정도를 한 푼도 안 쓰고 모아야 한다. 그런데 어제 오빠가 CD를 빌려달라고 했다. 나는 늘 오빠에게 빌려주곤 했지만 새로 산 것이라서 싫다고 했더니 부모님이 나를 때렸다. 그리고 CD를 다 버리라고 했다. 나는 실망했다. 어째서 나는 계속 양보해야 되는지, 용돈을 아끼고 먹고 싶은 것도 참아가며 산 건데 무조건 동생이라고 오빠에게 양보만 해야 하는지…. 정말 서럽다." (M여자중학교 2학년)

자신보다 덩치가 크고 상대적으로 아는 것도 많은 형에게 동생들은 열등감을 느낀다. 그런 상황에서 부모마저 형을 편들고 나서면 동생은 자기가 정말 못나서 그런 것이라고 비하하여 생각하기 쉽다. 위의 사례만으로는 잘 드러나지 않지만 설문을 정리하는 과정에서 전체적으로 받은 느낌은, 동생들의 실망에 대한 표현이 형들의 것보다 의기소침하고 나약해 보인다는 점이다.

"딸 셋 중의 막내인 나는 집안일을 많이 하는데, 집 안이 지저분하면 언니들이 아닌 나만 꾸중하고 필요할 때는 나만 시키고 그래서 울기도 많이 울었다." (K여자고등학교 2학년)

위 여학생처럼 세 명 혹은 그 이상의 여러 형제 중에서 혼자만 외면받고 있다는 느낌을 가지게 되면 문제가 심각해진다.

"열 손가락 깨물어서 안 아픈 손가락이 어디 있니? 나는 너희를 똑같이 사랑하고 있어."

부모의 생각에는 공평한 것도 아이의 눈에는 불공평하게 보일 수 있다. 아이들은 내심 자기만 고상하게 사랑받기를 원하기 때문이다. 아이가 부모의 사랑을 의심하고 있다면 그것을 풀어주는 일 또한 부모의 역할이다. 그러고 보면 부모 노릇은 참 어렵다.

동성의 형제자매를 차별 대우하는 것에 대해서는 여학생들보다 남학생들의 불만이 훨씬 많았다. 이는 자매 사이보다 형제 사이에서 사랑을 다투는 갈등과 경쟁이 더 치열하다는 것을 의미하는 것이어서 자못 흥미롭다.

# 흘러간 옛 노래, 남녀 차별

"식사를 하던 중에 아빠가 자식들이 모두 딸이라고 한탄했
다." (S여자고등학교 3학년)

아들만 둔 부모들은 딸이 있으면 좋겠다고 생각하고, 딸만 둔
부모들은 아들이 있으면 하는 소망을 가질 때가 있다. S여자고등
학교 3학년생의 아버지도 이와 같은 소망을 말한 듯한데, 아이는
아버지의 한탄으로 받아들이고 있다. 이처럼 예민한 반응은 평소
딸을 대하는 부모의 태도가 반영되어 나타난 것이겠지만, 여성의
지위가 낮은 데에서 오는 사회적 통념과도 무관하지 않다.

"엄마가 나를 낳았을 때 아빠는 이틀이 지난 뒤에 왔다고 한다. 다른 애들은 대부분 축복 속에서 태어났을 텐데…"(K여자고등학교 3학년)

아이가 태어난 지 이틀이 지나서야 찾아온 아빠, 온정 없는 아빠에 대한 서운함은 곧 엄마의 섭섭한 마음을 대변한다. 조선 시대도 아닌데 딸을 낳았다고 반갑지 않은 표정을 짓거나, 한숨을 짓거나, 한술 더 떠 술에 취해 노골적으로 통한을 터트리거나 하는 행동은 남편이 아내에게 죄책감을 부여하여 우위에 서려는 가부장적 권위주의의 소산 아닐까? 어린아이들조차 남녀 차별 대우에 대해 다음과 같이 분통을 터트린다.

"오빠는 글씨 공부를 시키고 나는 전화나 받으라고 하는 등 여러 가지로 우리 부모는 남녀 차별을 한다."(H초등학교 5학년)

"나한테 집안일을 다 시키고 아들만 예뻐할 때 실망한다."(K여자고등학교 2학년)

"우리 엄마가 말하기를 남자는 가만히 있고, 여자는 일하라고 태어난 것이란다. 그래서 오빠는 가만히 있어도 되고 나보고만 청소를 하란다. 그러면서 그런 게 어디 있냐고 했더니, 예

전부터 내려온 법이란다. 참 웃겨서…." (M여자고등학교 2학년)

M여자고등학교 2학년생 대답이 걸작이다. "참 웃겨서…."
'남자가…' '여자가…' 이런 말은 가급적 삼가야 한다. 남자 또는 여자를 주어로 하는 말은 대개가 부정적인 내용을 담고 있으며, 말하는 사람이 의도하지 않았더라도 특정 성을 비하하는 것으로 비치게 된다. 가령 '남자는 야망이 있어야 한다'고 말하면 '여자는 그럴 필요 없다'는 뜻을, '여자가 깔끔하지 못하다'는 말은 '남자는 더러워도 괜찮다'는 차별의 뜻을 내포하게 된다.

다음 K여자고등학교 3학년의 사례는 '착하다고 말한 후 추위에 떨게 한다'는 러시아 속담의 비유가 적절한 경우이다.

"우리 부모님은 내가 스스로 모든 일을 할 수 있을 것이라 생각하여 무관심합니다. 물론 동생이 두 명이나 되어 챙기기 바쁘고 직장 다니느라 피곤해서 그러겠지만, 엄마는 내가 제일 착하다고 하십니다. 아빠는 평소에 말씀이 없지만 내가 말을 안 들으면 신경질적으로 화를 내십니다. 솔직히 말하자면 저는 아빠를 좋아하지 않습니다. 집에 계실 때면 꼭 심부름을 시키거나 잔소리를 합니다. 제가 큰딸이라서 그런지 저만 늘 일을 시키고…. 그래서 아빠와 대화도 못 하고 서로 얼굴 보며 웃을 일도 거의 없습니다." (K여자고등학교 3학년)

이 여학생은 경어를 사용하여 자신의 심정을 조심스럽게 드러내고 있다. 내면에는 부모에 대한 불만이 가득하지만, 아마도 힘드셔서 그럴 거라고 애써 자신을 위로한다. 아빠는 신경질적으로 화를 내는데, 엄마는 착하다고 쓰다듬는다. 그래서 불만이 있어도 억압해야 하는 딜레마 상황을 오래 견뎌내고 있는 듯하다. 이와 같은 억압 상태가 오래 지속되면, 성인이 되어 좋지 않은 형태의 이상심리가 형성될 가능성도 있다.

"초등학교 저학년 때, 오빠의 시험 기간이었다. 오빠는 책상 앞에 앉아 문제집을 풀고 있었고, 난 그 옆 침대에 누워 있었다. 엄마가 오더니 오빠에게 '엄마 시장 다녀올 테니까 문제 여기까지 풀어놔. 만약 안 하면 네 동생 때릴 줄 알아!' 하고 말씀하셨다. 엄마는 나가시고, 난 오빠한테 빨리 문제를 풀라고 보챘다. 그런데 오빠는 텔레비전만 보는 것이었다. 그렇게 시간이 지나고 엄마가 오셨다. 엄마가 문제집을 확인하셨는데 깨끗한 걸 보시고는 정말 화를 내셨다. 그리고 오빠 앞에서 나를 막 때리셨다. 침대로 던지기까지 해서 침대 모서리에 머리를 부딪쳤다. 그래서 병이 났는데, 그때 일은 정말 못 잊을 것이다."

(S여자고등학교 1학년)

위 사례의 엄마는 인격장애가 의심된다. 이와 같은 중증의 편애는 아이의 기를 꺾어버리는 폭력이다. 2,500명의 학생들 중 형제간 차별 대우 때문에 실망했다고 진술한 경우는 남학생보다 여학생이 세 배나 많았다. 특히 자매지간이 아닌 오빠-여동생, 누나-남동생처럼 남매지간인 경우에 편애로 인한 불만이 더 강했다. 이는 남아선호사상이 현대 가정에서도 여전하다는 것을 증명하는 결과라 하겠다.

그러나 2013년 문화체육관광부가 발표한 '한국인의 의식·가치관 조사'[6] 자료에는 '이상적인 자녀 수는 두 명, 남아선호사상은 옛이야기'라는 부제로, 자녀를 낳을 경우 선호하는 성별의 통계 결과가 다음과 같이 요약되어 있었다.

- 이상적인 자녀 수가 한 명일 때의 희망 성별은 딸이라는 응답(66.2퍼센트)이 아들이라는 응답(33.8퍼센트)보다 높아. 남아보다 여아를 선호
- 두 명일 때는 아들과 딸을 각각 한 명씩 원한다고 응답(94.3퍼센트)
- 세 명일 때는 아들 한 명과 딸 두 명을 원한다고 응답(58.4퍼센트)

---

6    문화체육관광부가 (주)한국리서치에 의뢰하여 실시한 한국인 성인 남녀(19~79세) 2,537명의 표본조사이다.

위 결과를 놓고 '진정한 양성평등의 시대가 왔기 때문'이라거나 '남녀 차별의 사회적 여건이 역전되었기 때문'이라고 확대 해석할 수는 없다. 물론 과거에 비해 한국 여성의 지위가 많이 향상되었지만 여전히 선진국 수준에 크게 못 미치며, 남녀 차별적인 조건이 사회 구석구석에 남아 있기 때문이다.

위와 같은 통계 결과는 오히려 '양육비 부담과 그에 따른 보상의 정도'가 반영되었기 때문으로 해석할 수 있다.

과거의 남아선호는 노후 대비와 밀접한 상관이 있었다. 그러나 아들에게 노후를 의탁하던 시대는 저물었고, 이제부터 노후 대비는 국가의 지원을 받으며 자신이 해야 한다. 아들은 군대에 보내야 하고, 결혼 비용도 많이 든다. '딸바보'라는 말은 있어도 '아들바보'라는 말은 없듯이 정서적인 기쁨은 상대적으로 딸에게서 더 많이 얻는다.

시대 흐름의 측면에서 보면 한국은 경제적 성장에 따른 욕망의 전환 시기를 거치고 있다. 즉 '생존과 안전의 욕구'가 지배하던 시대에서 '소속과 사랑의 욕구'를 갈망하는 시대로 진화한 것이다. 초고령화 사회로 접어들면서 사람들은 피부로 느낀다. 따뜻한 정과 사랑이 얼마나 고귀한 것인지, 외로움이 얼마나 힘든 것인지. 딸 아들 구별 말고 사랑으로 키워야 하겠다.

# 아이들은 무엇에
# 불안해하는가?

초등학교 3학년인 동생이 여름방학이 되자 느닷없이 한자 쓰기 연습을 하겠다며 아빠에게 하루에 열 자씩만 써달라고 한다. 중학교 1학년인 언니는 은근히 걱정스러웠던 모양이다.

"아빠, 쟤가 나보다 한자를 더 많이 알게 되면 어쩌지?"

"뭐, 어때? 많이 알면 자랑스럽지, 네 동생인데."

"내가 동생보다 못 하는 게 뭐가 자랑스러워?"

"…."

네 살 차이인데 동생보다 못하다면 자존심 상하는 일이겠다.

“서현아, 너 컴퓨터 타이핑 속도가 얼마나 되니?”

“500타 정도? 그런데 그건 왜 물어봐, 아빠?”

“아빠는 너보다 일찍 컴퓨터를 배웠는데 너보다 타이핑도 느리고 모르는 것도 훨씬 많아. 네가 학교에서 배우는 여러 가지 지식에 대해서도 아빠가 모르는 것이 더 많을걸?”

“그야, 배운 지 오래돼서 잊어버린 것이겠지….”

“그런 것도 있고 저런 것도 있을 거야. 음 아빠가 수학 문제를 낼 테니 풀어볼래?”

“응, 아빠.”

“네가 다섯 살일 때 동생은 한 살이었어. 그럼 네 나이가 다섯 배 많지?”

“응.”

“네가 여덟 살이 되던 해는?”

“음, 서빈이가 네 살, 내가 여덟 살. 나이가 두 배네.”

“그렇지. 지금은?”

“열네 살과 열 살이니까 1.4배네?”

“그래, 네 살 차이가 좁혀지는 것은 아니지만 나이의 비율은 세월이 갈수록 점차 줄어들지?”

“응.”

“마찬가지로 어릴 때는 동생보다 네가 아는 것이 훨씬 많지만, 나이를 먹을수록 지식의 차이는 줄어드는 거야. 그래서 동생은 알고 있는데 너는 모르는 지식이 있을 수 있고, 동생이 너보다 잘하는 것도 생기지.”

“그런가?”

“서현아, 나이 많은 사람이 나이 적은 사람보다 무조건 많이 알고 있다고 믿는 것은 잘못된 거야. 그런 믿음을 심리학 용어로 뭐라고 하는지 알아?”

“몰라.”

“비합리적 신념.”

“합리적이지 못하다는 뜻인가?”

“그렇지! 비합리적 신념을 많이 가진 사람은 그만큼 성장과 변화가 어렵단다.”

서현이는 머리를 끄덕인다.


이 사례에서 아빠는 공감을 끌어낼 수 있는 적절한 논리를 동원하여 아이의 불안을 덜어주었는데, 그 논리가 옳은지는 크게 중요하지 않다. 중요한 점은 아빠가 아이의 말을 흘려듣거나 쓸데없는 걱정을 한다는 식으로 무시하지 않았다는 것이다. 부모가 아이의 염려나 걱정을 진지하게 경청하고 격려하는 것만으로도 아이는 힘을 얻는다. 물론 한 차례의 대화로 아이의 불안감이 모두 해소되지는 않겠지만, 부모에게 걱정거리를 털어놓을 수 있었기 때문에 불안감을 더 키우지는 않을 것이다. 이와 같은 상황에서 "동생보다 못하면 창피해서 어떻게 할래? 그러게 미리 공부 좀 하지"라고 면박을 준다면 더욱 초조해지고 불안에 시달리게 될 것이다.

편애의 희생자가 되는 아이는 부모의 관심을 끌기 위해서 문제 행동을 하기도 한다. 밤에 오줌을 싸거나 학교를 지각하는 등 문제를 일으키면 그 순간만큼은 부모의 관심을 끌 수 있기 때문이다. 문제 행동을 해도 별 관심을 받지 못하면 부모에게 대들거나, 얄미울 정도로 침묵을 지키거나, 하지 말라는 짓만 골라서 하거나 하는 따위의 복수 행동을 하기도 한다. 심리학자들은 자살하는 것도 절망감의 끝에서 선택하는 복수의 한 방편이라고 설명한다. 때로는 삶에 아무런 의미가 없는 듯 무기력하거나 황폐한 모습을 가장하기도 하는데, 이런 상태가 지속되면 아예 성격의 일부로 굳어지거나 정신병이 생길 수도 있다. 서강대학교 영문학과 교수였던 고(故) 장영희 교수의 '하늘로 날아가고 싶은' 소망을 가졌던 제자에 대한 이야기는 우리에게 많은 생각할 거리를 시사한다.


장영희 교수의 제자였던 용훈이는 눈에 띄게 키가 작았고, 강의에 들어오긴 해도 거의 수업을 듣지 않았던 데다 과제는 아예 하지 않거나 무성의하게 제출했던, 그리고 늘 혼자였던 학생이었다. 아직 새내기 강사였던 그는 열정에 가득 차 용훈이를 자주 혼냈다고 한다. 그러자 언젠가부터 용훈이가 그의 연구실로 매일 같이 쪽지를 넣기 시작했다. 하지만 '선생님, 저는 매일 2센티미터씩 키가 크고 있어요.' '제 머리는 마치 솜으로 꽉 찬 것 같아요. 그래서 아무것도 할 수 없어요' 같은 내용뿐이기에, 장영희 교수는 그저 공부하기 싫은 학생의 핑계로 치부해버렸다. 그러던 어느 날 '엠마오관에서 하늘로 날아가겠어요'라는 쪽지가 도착하였다. 쪽지를 읽은 장영희 교수는 조교들과 급히 엠마오관으로 달려갔고, 그곳에서 옥상 난간에 앉아 있는 용훈이를 발견한다….

"하늘로 훨훨 날아가고 싶어요. 자유롭고 싶어요. 선생님, 절 하늘로 데려가 주세요."

용훈이는 학교를 휴학하고 정신과 치료를 받았으나 복학할 수는 없었다. 용훈이 아버지는 남미 한 국가의 대사였는데, 어린 시절부터 용훈이와 용훈이의 동생을 차별하며 키웠다고 한다. 동생은 키도 크고 잘생겼다는 이유로 사랑받고, 용훈이는 키도 작고 못생기고 공부도 못한다는 이유로 구박받으며 편애의 희생자가 되어 성장기를 보냈던 것이다. 어쩌면 동생처럼 되고 싶었던, 그래서 부모의 사랑을 받고 싶었던 용훈이는 자신의 키가 현실에서 자라고 있다는 망상을 한 듯하다.

용훈이처럼 헛된 믿음이 3개월 이상 지속될 때는 망상장애라는 진단이 내려질 수 있다. 망상장애의 주된 원인이 무엇인지는 아직 분명치 않으며, 또한 그 책임을 부모에게 돌릴 수만도 없다. 그렇지만 부모의 편애가 애정에 목마른 자녀의 마음에 상처를 주었고 긍정적인 자아 형성을 방해한 것만은 틀림없다.

한편 부모의 관심을 독차지하며 성장한 자녀가 반드시 건강한 자아 가치관을 갖게 되는 것은 아니다. 오히려 부모의 기대에 부응해야 한다는 부담감이 다양한 스트레스를 유발하여 뜻하지 않은 부작용이 생길 수도 있다. 부모-자녀 애착 강도가 지나치게 클 때는 정서의 융합으로 인해 자아 분화를 하는 과정에서 곤란을 겪는다.

자녀들이 저마다 타고난 재능을 한껏 계발해서 사회에 기여하고 행복한 삶을 살기를 바란다면, 부모는 자녀 중 누구 하나도 소외감을 느끼거나 자존감을 잃지 않도록 배려하고 골고루 관심과 애정을 나누어 주어야 한다.

# 자녀를 믿지 않는 부모 1

"일곱 살 때 길에서 500원을 주웠는데(생각만 해도 울고 싶어요), 어머니는 제가 훔친 것으로 알고 사실대로 말하라며 매까지 드셨습니다. 저는 한 시간 동안 꾸중을 듣다못해 거짓말로 자백을 했습니다. 그때가 가장 실망스러웠습니다." (D고등학교 1학년)

"엄마 지갑을 가져갔다고 의심받아 매 맞은 일. 지갑은 싱크대 밑에 들어가 있었는데 거짓말하지 말라고 많이 혼났다." (G고등학교 1학년)

D고등학교 1학년생은 정말로 돈을 주웠던 것일까? G고등학교 1학년생 엄마의 지갑은 발이 달려서 싱크대 밑에 들어가 있었던 것일까? 부모들은 정황 증거로 보아 아이의 짓이 분명하다고 믿을 수밖에 없었기에 아이를 혼냈으리라.

그런데 만약 아이가 거짓말을 한 것이 사실이라면, 왜 10년이 지나도록 그때 일을 잊지 못하고 '나는 그런 나쁜 짓을 하지 않았어. 억울하다!'고 하는 것일까?

가끔 어른들도 금방 자신이 한 말을 전혀 기억하지 못하고 딱 잡아떼는 경우를 볼 수 있다. 명백한 사실을 아니라고 잡아떼는 것은 당혹감에서 비롯된 '부인(denial)' 또는 '억압(repression)'의 방어기제(defense mechanism)가 발동하기 때문이다.

돈을 훔친 사실에 대해서는 '선택적 망각(억압)'이 일어나고, 대

**방어기제**

수업 시간에 떠들다가 선생님께 지적받는 경우를 예로 들어보자.

- 부인 방어기제: (눈을 동그랗게 뜨고) "저요? 안 떠들었어요!"

- 합리화 방어기제: "이 과목은 입시 과목이 아니라서 관심 없어요."

- 투사 방어기제: "선생님, 무슨 기분 안 좋은 일 있어요? 왜 짜증이세요." (자신의 짜증을 선생님의 것으로 돌리고 있다.)

- 전위 방어기제: (자기 짝을 쳐다보며) "너 때문에 괜히 나만 혼났잖아."

신 그 돈은 주운 것이라고 가상의 기억을 만들어냄으로써 '역전
(reversal)'을 꾀하는 것 등은 모두 무의식적 방어기제에 의한 것이
다. 그러나 방어기제에 의해 기억이 억압되거나 왜곡되더라도 불
안감과 긴장감은 사라지지 않고 남아 있다. 그러한 불안과 두려
움의 잔재마저 지워버리고 싶을 때는 되풀이하여 가상의 기억을
스스로 확인하고 이를 강화시킴으로써 위안을 얻고자 한다.

자애로운 부모에게 따뜻한 보호와 지지를 받는 대신 엄격한
부모에게 사소한 실수나 잘못에도 예외 없이 꾸중을 듣는 아이
는 늘 불안할 수밖에 없다. 그래서 실수나 잘못을 저지른 경우에
여러 가지 형태의 심리적 왜곡이 일어날 가능성이 있다.
다음은 합리화 방어와 투사 방어가 일어난 사례이다.

"숙제 때문에 웹 서핑을 하다가 사이트를 닫은 순간, 엄마가
들어와서 의심을 했을 때 정말 억울하고 속상했다." (Y고등학교
2학년)

"동생 돈을 훔쳐갔다고 부모님이 나를 의심하셨다. 이럴 때
면 우리 부모가 맞나 의심스럽고 실망스럽다. 하지만 내가 자
주 동생 돈을 몰래 써서 이런 일이 일어난 것 같다. 이 일로 인
하여 부모님이 더 마음 아파하실 것 같아서 가슴이 찢어질 듯

슬프다.”(M여자고등학교 1학년)

Y고등학교 2학년생은 구체적인 한 장면에 대해서 언급하고 있다. 숙제 때문이라는 것은 합리화일 가능성이 높다. 엄마가 이유도 없이 의심이 많은 성격이라면 아이들은 보통 ‘우리 엄마는 의심을 많이 해서 싫다’라고 쓴다. 물론 아이가 기억하고 있는 날은 숙제를 위해서 웹 서핑을 했을 수도 있지만, 엄마가 아이의 생활 습관을 전혀 모른 채 무조건 의심만 하는 경우는 없다. 이미 이전부터 아이의 인터넷 중독을 우려하던 엄마의 걱정이 순간 포착을 통해 표출된 것이고, 아이는 늘 변명을 찾고 싶었는데 엄마가 의심하자 저항감이 일어난 것이라고 추론할 수 있다. 양심에 찔릴 때는 반대 상황을 기억에 남겨두는 것이 인간의 심리이다.

M여자고등학교 1학년생은 자신이 자주 동생의 돈을 훔쳤던 것을 인정하면서도 자기를 나쁘게만 보는 부모가 원망스럽다. 하지만 ‘부모님이 더 마음 아파하실 것 같아서 찢어질 듯 가슴 아프다’고 한다. 이 아이는 돈을 훔친 부끄러운 자신을 정면으로 응시하여 반성할 자신이 없기 때문에 부모님의 마음이 아플까 봐 슬프다는 식으로 투사하는 것이다.

이와 유사한 심정을 토로하고 있는 아이들은 이외에도 많았다.


“너무도 기억하기 싫을 만큼 실망한 일이다. 학교로 전화가 왔는데 혹시 아빠 호주머니 뒤졌냐고, 한두 번이 아니라고. 아빠가 널 의심하는 것이 아니라고 조용히 화도 안 내고 물어보았지만, 난 너무 억울하고 화가 났다. 우리 가족이 날 그렇게밖에 보지 않았다는 사실 때문에. 엄마는 다짜고짜 화를 냈고, 그땐 정말 살기 싫었다. 그날 이후로 부모에 대한 사랑이 불신으로 바뀌어 거리감이 생기게 되었다. 너무나 실망한 일이었기에…." (M여자고등학교 1학년)

"컴퓨터 이메일을 엄마가 확인했을 때, 나를 믿지 못하는 것 같아 매우 섭섭했다." (Y고등학교 1학년)

"초등학교 5학년 때 내가 하지도 않은 일을 했다고 우기면서 팼다." (K여자고등학교 1학년)

"중 2 때. 그냥 아는 남자애한테서 전화가 왔는데 이를 엿들은 엄마가 그 남자애를 만난 것으로 의심하고 때렸다."(K여자고등학교 1학년)

"나를 믿지 못하고, 학교 성적표 나왔냐고 직접 학교로 전화했을 때." (M여자고등학교 1학년)

"언니는 어렸을 때부터 뭐든지 잘하는 스타일이었고, 나는 혼자서 못하는 일이 많았다. 그래서인지 부모님은 언니를 많이 믿으셨고, 언니와 내가 싸웠을 때도 나만 혼내시곤 했다. 내가 무슨 말을 해도 안 믿어주던 것. 아직까지도 마음속의 한이다."(M여자고등학교 2학년)

부모는 자녀가 정직하기를 바란다. 그러나 자녀가 솔직하게 사실을 말했는데도 부모가 믿지 않을 때 아이들은 억울하지 않을 수 없다. 물론 부모가 자녀의 말을 무턱대고 의심하는 것은 아닐 터이다. 표정과 억양, 눈빛 등 여러 면에서 평소와는 다른 낌새를 보일 때 예민한 부모들은 거짓말 탐지기보다 더 정확하게 자녀의 거짓말을 알아채기도 한다.

그렇지만 아이가 태어나 성장하면서 거짓말을 배우는 것은 피할 수 없는 일이다. 감정의 절제, 힘든 일에 대한 인내, 타인에 대한 배려, 사회적 예절 등 살아가는 데 필요한 기술은 그 자체로 일정 부분 위선을 포함하고 있기 때문이다. '아무런 거짓 없이 자기가 느끼는 감정 그대로를 표현하며 사는 것은 마치 피부 없이 맨살로 사는 일과 같다'고 심리학자 오경자 교수는 말한다.

아이들은 부모처럼 힘 있는 존재로부터 혼날 것이 두려워서 혹은 자신에게 필요한 것을 얻기 위해서 거짓말을 하지만, 때로 사실을 말하는데도 인정받지 못할 때 거짓말을 하기도 한다.

엄마가 아이에게 묻는다.

"경수야, 아빠가 싫지?"

"응, 화나면 무서워."

"아빠는 너 잘되라고 꾸중하는 건데, 그럼 못써."

"그래도 싫은걸."

"부모를 싫어하면 불효자가 되는 거야. 다시 물어볼게. 아빠가 좋아? 싫어?"

"… 좋아."

"옳지, 우리 아들 참 착하구나."


아이는 진실보다 거짓 감정을 말해야 칭찬받을 수 있다는 것을 배웠다. 이처럼 자녀들이 최초로 거짓말을 배우는 대상은 대개 부모로부터이다. 받고 싶지 않는 전화가 왔을 때 자녀를 시켜 엄마 없다고 하라거나, 만나고 싶지 않은 사람이 방문했을 때 거짓 핑계를 대며 돌려보내거나 하는 본을 보이지 않았던가. 아이가 거짓말을 배우는 것은 자연스러운 일이다. 다만 그것이 새빨간 거짓말만 아니면 된다. 그리고 그것은 부모의 태도에 크게 좌우된다.

# 18

# 자녀를 믿지 않는 부모 2

'사실에 대한 불신'이 자녀의 정직성을 의심하는 것이라면, '잠재 능력에 대한 불신'은 자녀의 실력이나 장래성을 의심하는 것이다. 자녀에 대해 과소평가하거나 조롱하거나 악담하는 경우가 그것으로, 또래의 다른 아이와 비교하고 불신하면 자녀는 더욱 상처를 받는다.

"지금까지 나쁜 길로 빠지지 않고 엄마가 원하는 대로 하였습니다. 심부름도 잘하고 공부도 열심히 했습니다. 그런데 시험 결과가 좋지 않게 나오자 엄마는 큰 상처가 되는 말을 하였습니다. 머리가 나쁘다. 미련 곰탱이, 머리가 안 되면 노력이라도 해라. 오빠들에게는 '머리 나쁜 게 공부한다고 하니까 도와 줘라' 하고 말하기도 했습니다. 그래서 나는 자신감이 없어지고 세상을 부정적으로 보는 관점이 생기게 되었습니다." (S여자 중학교 2학년)


"책값으로 돈이 들어가자 '네가 이렇게 돈 써서 공부하기는 하니?'라며 혼냈던 일. 내가 공부 때문에 얼마나 힘들어하고 얼마나 영혼이 망가지고 있는지 옆에서 지켜보던 엄마가, 세상에…." (M여자고등학교 3학년)


"내 말을 믿지 않고 화부터 낸다. 조금 있으면 성인인데, 아직도 날 애 취급한다." (S여자고등학교 2학년)


"나의 장래성에 대해 의심하고 내 말보다 다른 사람의 말을 더 믿는 것이 정말 싫다." (M여자고등학교 2학년)


"미술 공부를 하겠다고 엄마에게 말했는데, '제까짓 게 뭘 한다고?'라는 말을 해서 너무 충격받아 한동안 계속 울었던 적이 있다." (D중학교 2학년)


"공부보다는 운동이 하고 싶었는데 키가 작다는 이유로 무

시당했을 때.”(D중학교 2학년)

“엄마 친구들은 자기 자식이 어떻다는 둥 자랑을 하는데 정작 엄마는 자식 자랑할 게 없다고 말할 때 엄마가 싫어진다.”
(M여자중학교 3학년)

“너는 원래 태어나지 말았어야 할 아이라고 말할 때.”(M여자고등학교 2학년)

부모가 조롱하는 말투를 사용하거나 다른 아이와 비교하여 비난하는 것은 자녀의 의지와 잠재력을 크게 손상시킨다. 더구나 어떤 행동을 지적하고 나무라는 것이 아니라 자녀의 인격 자체를 폄하하는 말은 회복하기 힘든 상처를 안길 수 있다. ‘너는 못돼먹었다’ ‘너는 능력이 부족하다’ ‘너는 게으르다’ ‘너는 인정머리가 없다’ ‘너는 쌀쌀맞다’ ‘너는 나약하다’ ‘너는 남에게 자랑할 만한 게 없다’ 등 ‘너’를 주어로 한 말은 인격 자체를 부정적으로 규정하는 것이 된다. ‘너의 행동은 나쁜 것이다’와 ‘너는 나쁜 놈이다’는 표면적으로 단어 하나의 차이에 불과하지만, 그 의미와 듣는 이에게 미치는 영향력은 크게 다르다.

‘너는 이러저러해서 못 믿겠다’ ‘너는 이러저러하니 앞날이 뻔하다’라고 불신하는 말을 반복하면 정말 그렇게 된다. 말이 씨가 되는 것이다. 반복하여 부정적인 평가를 받으면 아이는 '나는 부족해, 못난이야'라고 믿게 되고, 아이의 뇌는 부족한 것에 대해서만 인지의 초점을 맞추게 된다. 때문에 긍정적인 행동에 대해서 스스로 무심하며 자신이 잘한 일에 대해서도 큰 가치를 부여하지 않게 된다.

캐나다 맥길대학교의 소니아 루피앵 박사가 발표한 연구는 이 같은 행동에 과학적 근거를 제시한다. 루피앵 박사는 15년에 걸쳐 노인 92명에게 뇌 기능을 테스트한 결과, 기억력 및 학습 능력과 같은 뇌 기능의 수준은 자부심·자존감의 정도에 비례한다는 결과를 발표했다. 그는 '이럴 수밖에 없어'라는 자기충족적 예언(self-fulfilling prophecy)이 부정적으로 발휘되어 뇌 기능 저하를 불러일으키는 것이라며, '언제나 무언가를 잃는 것이 정상적이라고 생각하는 사람의 경우, 그것을 되찾기 위한 노력을 결코 할 수 없게 된다'고 부연했다. 영국 케임브리지대학교의 펠리시어 후퍼트 박사 역시 어려운 일이 닥치더라도 일상에서 작은 즐거움을 찾아 즐길 줄 아는 긍정적인 자세가 중요하다며 루피앵 박사의 발표에 힘을 실어주었다.

# 19

# 거짓말과 마음의 문

아이의 거짓말을 방치하면 버릇이 되지 않을까 염려하는 부모는 자녀가 거짓말을 하는 것으로 의심될 때 꼬치꼬치 캐물어서 진실을 밝히고 싶어 한다.

명백이가 야구공을 가지고 놀다가 옆집 유리창을 깼다. 혼날 것이 두려워 집으로 도망쳤다. 얼굴에는 당황한 기색이 역력했다. 아버지가 물었다.

"너 무슨 일이 있지?"

"… 아, 아뇨…."

"얼굴에 써 있는데? 무슨 잘못을 한 거냐?"

"아니라니까요!"

'요놈 봐라. 네가 속이면 내가 모를 줄 아느냐? 어디 한번 해보자!'

아버지는 명백이가 거짓말을 하는 것이 확실하다고 판단하여 집요하게 추궁하였고, 결국 명백이의 자백을 받아냈다. 아버지는 '유리창을 깨고 도망간 것은 정정당당하지 못해서 나쁘다. 더욱 나쁜 것은 거짓말을 한 것이다' 등 한참 동안 명백이를 호되게 야단쳤다.

사람들은 대부분 아버지의 꾸지람이 당연하다고 생각한다. 세 살 버릇 여든까지 갈 테니 눈물이 쏙 빠지게 혼을 내서라도 고쳐야 한다고 믿는다. 그러나 명백이가 사건을 은폐하려고 거짓말을 했던 이유는 실수로 유리컵을 깼다가 아버지에게 혼난 경험이 있기 때문이었다.


"놀다가 유리창을 깰 수도 있는 것이지, 괜찮다. 놀라지는 않았니? 옆집 주인에게 실수를 사과하고 새 유리를 끼워드리면 되니까 너무 염려하지 마라."

아버지가 이처럼 너그럽게 포용하면 좋지 않을까? 아이가 실수했을 때 일어난 일 자체를 그대로 받아들이는 아량을 보여주면, 아이는 거짓말할 필요가 없다는 것을 경험으로 배우게 된다.

반면에 작은 실수도 용납하지 못하고 꾸짖는 부모 밑에서는 자녀가 거짓말을 하지 않을 수 없다. 못된 습관을 뿌리까지 뽑겠다고 집요하게 추궁하고, 한 말 또 하고 또 하고, 다짐을 받고, 의심의 눈초리를 곤두세울 때 아이는 점점 움츠러든다. 의심이 가는데도 아이가 자백하지 않을 때, 이윽고 부모는 거짓말로 꼬드긴다.

"솔직히 말하면 용서해줄게."

"진짜?"

"응, 그래. 솔직히 말해봐."

"사실은…."

이윽고 사실이 밝혀지면, 대개 부모들은 자기가 한 약속을 까먹게 마련이다.

"뭐야! 이놈의 새끼! 잘못하고도 시치미를 딱 뗀 거야!"

아이가 겁먹은 표정으로 말한다.

"혼내지 않는다고 했잖아요."

"이놈의 자식, 입은 살아가지고!"


이미 화가 치밀어 오른 상태에서는 한바탕 푸닥거리를 해야 상황이 종료된다. 이렇게 되면 아이는 솔직히 고백한 일을 후회하게 되고, 후일 이와 유사한 경우가 생기면 더욱 교묘하게 거짓말할 가능성이 높아진다. 설령 부모가 자기가 한 말의 약속을 지키느라 야단치는 일을 중단했다고 해도 화난 표정은 숨길 수가 없기 때문에 결과는 대동소이하다.

　부모가 자신을 불신한다고 느끼는 아이는 신뢰의 회복을 위해 노력하기보다는 부모와 거리를 두려고 하며 점차 마음의 문을 닫게 된다. 부모가 묻는 말에도 대답을 피하고 혼자 자기 방에 틀어박혀 헤드폰을 끼고 지내는 경우도 있다. 이것이 못마땅한 부모는 면박을 주거나 잔소리를 하여 부모 마음에 드는 행동을 하도록 다그친다. '잔소리-회피-잔소리-회피'의 악순환이 반복되다가 부모와 교감을 나눌 수 있는 부분이 별로 남아 있지 않다고 판단되면 아이는 반항한다. 그것도 여의치 않으면 탈출을 꿈꾸게 된다. 집을 떠나 어디론가 멀리 가고 싶어지는 것이다. 현재 자녀가 반항심을 드러내는 중이라면 이제부터라도 자녀의 입장을 이해하고 너그럽게 받아주려는 노력이 필요하다. 반항할 수 있다는 것은 아이의 심리 상태가 아직은 절망적이지 않다는 반증이다.

　한편 부모의 불신과 압박이 너무 커서 저항할 능력이나 의지가 없는 아이들은 자포자기 상태에 빠지며 신경증과 우울증에 시달리게 된다. 신경과학에서는 그와 같은 증상이 뇌 활동의 메커니즘이 붕괴하는 과정에서 비롯되는 것으로 보고 있다.

　농간, 사기, 협잡, 갈취, 횡령, 절도, 강도, 조작, 은폐… 용어조차 알기 힘든 수많은 거짓은 모두 어른들의 세계에서 일어난다. 그런 범죄를 누가 가르쳤을까? 그들의 부모들이 가르쳤을까? 맞다. 거짓된 행동을 하지 말라고 다그치고 야단치고 혼냈기 때문에 그들은 더욱 교묘한 거짓말의 기술을 터득하게 된 것이다.

현명한 부모는 알고도 속는다고 했다. 때로 자녀의 거짓말도 적당히 눈감아 주자. 아이는 이해와 신뢰의 선물을 받고 건장한 자기 자리를 찾을 것이다. 더 적극적인 방법은 어떤 일에 대해서도 화내거나 야단치지 않는 것이다. 아이들이 저지르는 잘못이란 대개 웃고 넘어갈 만한 것이다.

# 자율과 권한의 이름으로

초등학교 3학년 누리는 설날에 세뱃돈이 제법 생겨서 5,000원을 주고 플라스틱 모형 비행기를 샀다. 흐뭇한 마음으로 집에 돌아와 모형을 제작하고 있는데 엄마의 따가운 잔소리가 들려온다.

"야 이 녀석아! 너 누구 허락받고 그런 것을 샀어? 세뱃돈을 받으면 저축을 해야지 그런 쓸데없는 것에 돈을 쓰냐?"

누리는 콧물이 쑥 빠진다. 부모로부터 큼지막한 모형 키트를 선물 받고 자랑하는 친구들도 있고 움직이는 자동차를 가진 아이들도 있는데, 그 자그마한 것을 샀다고 꾸지람을 들으니 여간 속상한 게 아니다. 친지나 이웃 어른 들에게 열심히 세배해서 세뱃돈은 두둑하게 생겼지만, 그 돈을 누리 마음대로 쓸 권한은 사실 없었다. 일일이 엄마에게 말한 후 허락받은 것만 살 수 있는데, 그것도 주로 학용품에 한정되어 있다.

이후부터 누리는 친척들이 돈을 주면 짐짓 잊어버린 척 엄마에게 말하지 않았다. 며칠을 기다렸다가 엄마가 정말 모른다는 확신이 들면, 사고 싶은 장난감을 사서 몰래 가지고 놀았다. 혹시 엄마에게 걸리지나 않을까 불안하지만, 엄마가 너무하기 때문에 어쩔 수 없다고 생각한다.


태현이는 토요일에 친구들과 시장 구경을 가기로 했다. 이 얘기를 들은 아버지가 지갑에서 만 원짜리 지폐를 한 장 꺼내어 준다. 태현이 입이 함지박만큼 벌어지더니 묻는다.

“아빠, 이거 다 써도 돼요?”

“그럼, 그 돈은 이제부터 네 것이야. 그러니까 네 마음대로 써. 구걸하는 사람에게 주든지, 빵을 사 먹든지, 아니면 친구들과 나누어 갖든지 네가 하고 싶은 대로 해라. 그 돈을 어떻게 쓰든 그것은 네 권한이고 그 결과도 네 책임이다. 무슨 말인지 알겠지?”

태현이는 자율권을 부여받았기 때문에 돈을 어디에 어떻게 쓰든지 부모를 속일 필요가 없다.

용돈의 사용처에 대해서 누리는 부모의 감시와 통제를 받았고, 태현이는 자율권을 부여받았다. 태현이처럼 돈을 마음대로 쓰게 하면 거짓말을 하지는 않겠지만, 쓸데없는 일에 낭비를 하지는 않을까? 물론 그럴 때도 있을 테지만, 결국 태현이는 성공과 실패의 경험을 쌓으면서 용돈 관리의 노하우를 터득할 것이다. 오히려 걱정되는 것은 누리의 경우다. 누리는 자신의 돈조차 마음대로 사용할 수 없기 때문에 용돈의 합리적인 관리를 경험하기 어렵고, 오히려 부모를 속일 가능성이 높아진다.

중학교 1학년인 서현이는 일주일에 용돈 5,000원을 받는다. 대개 그 돈을 쓰지 않고 조금씩 모아두었다가 자기가 원하는 물건을 구입하는 데 쓴다. 가끔 조잡해 보이는 스티커를 사거나, 재미없는 게임 CD를 비싼 값에 사거나, 때로 만화책을 사기도 한다. 어른의 시각에서 보면 대부분 유치하고 별로 유익한 것도 없어 보인다. 그러나 그것은 아이가 원한 것이고 자신의 용돈으로 산 것이기 때문에 서현이의 부모는 비난하지 않는다. 다만, 의견은 밝힌다.

"아빠는 그런 만화 재미없더라. 좀 유치해 보인다. 네 생각은 어때?"

서현이는 자신의 의견을 솔직하게 밝힌다.

"그래 아빠. 이거 잘못 산 것 같아서 후회돼. 아이, 돈 아까워."

"저런, 안 됐구나."

"그렇지만 아빠, 이 머리핀은 어때? 예쁘지 않아?"

"네 마음에 드는구나? 그래, 아빠가 보기에도 좋아 보인다."

서현이는 한동안 경제 관련 책을 읽더니 용돈의 일부는 저금하고 매달 얼마만큼은 유네스코에 기부하며 나머지는 필요한 물품을 사겠다고 한다. 스스로 돈의 바람직한 쓰임새를 찾아가는 것이다.

자녀에게 선택의 권한을 부여하고 부모는 단지 의견을 제시하는 수준에서 멈추면 아이는 자신의 행위에 책임감을 가지게 된다. 종종 어떤 일을 결정해야 하는데 자신이 없을 때, 아이는 자청해서 부모에게 의견을 묻거나 동의를 구하게도 된다. 불신하고 감시하는 대신 신뢰하고 권한을 주면 자녀는 점점 더 자신을 개방하고 부모에게 자문을 구하게 된다. 자연히 부모와 자녀 사이의 대화도 늘어난다. 아이는 부모와의 대화 속에서 바람직한 가치를 찾아내고 내면화하여 시나브로 철이 들고 성장한다.

자녀가 부모에게 거짓말을 하지 않고 얼마나 개방적으로 자신의 소견을 말할 수 있는가는 부모-자녀 관계의 친밀성뿐만 아니라, 아이가 얼마나 바람직하게 성장하고 있는가를 살펴볼 수 있는 척도가 된다. 아이의 믿지 못할 행동은 부모의 부정적 시각 때문에 조장되고 육성되는 측면이 크다. 노파심 때문에 쉽지는 않겠지만 부모는 아이에게 최대한의 자율 권한을 주도록 노력해야 한다.

# 21

# 폭력이라 쓰고
# 사랑이라 읽는다

2012년 숙명여자대학교 아동복지학과의 안재진 교수는 전국 5,051가구의 아동과 양육자를 대상으로 조사한 보고서를 발표하였다. 『국내 아동학대 발생 현황 및 관련 요인』라는 이름의 보고서에 따르면 전국적인 연간 아동학대 발생률은 여전히 높은 수치로, 25.3퍼센트나 된다고 한다. 안재진 교수는 '이 같은 배경에는 여전히 체벌로 훈육하는 유교적 정서가 가장 큰 원인이 되고 있지만, 그와 동시에 솜방망이 처벌 역시 또한 아동학대를 야기하는 요인 중 하나'라고 지적하였다.

이뿐만이 아니다. 보건복지부는 아동보호전문기관에 접수된 아동학대 피해자가 2003년에는 2,921명이었는데, 2012년의 경우 두 배 이상 늘어난 6,403명으로 집계되었다고 발표했다. 특히 심각한 학대로 인해 세상을 떠난 아동의 수는 2003년에 세 명, 2004년에 열한 명, 2005년에 열여섯 명, 2006년에 일곱 명, 2007년에 일곱 명, 2008년에 여덟 명, 2009년에도 여덟 명, 2010년에 세 명, 2011년에 열세 명, 2012년에 열 명이었다. 10년 사이에 86명이나 숨을 거둔 것이다. 그러나 아동보호전문기관 및 경찰을 비롯한 여타 기관에 신고되지 않은 경우도 감안한다면 이 숫자가 훨씬 커지리라는 것은 예상하기 어렵지 않다.

2013년에는 '울산 계모 의붓딸 살인 사건'으로 세상이 떠들썩했다. 여덟 살짜리 여자아이를 머리뼈가 손상될 때까지 죽도로 내리치고, 아이의 엉덩이 근육이 소멸될 정도로 상습적인 폭행을 가하고, 멍 자국을 없애고자 끓는 물을 붓고, 또다시 때리고…. 집 안 욕조에서 발견된 작디작은 아이는 갈비뼈가 열여섯 개나 부러진 채 차갑게 식은 모습으로 발견되었다.

1세 미만의 아동 살해는 주로 20~30대의 친모에 의해 발생(75퍼센트)하는 것으로 조사되었다. (『전국아동학대현황보고서』, 보건복지부, 중앙아동보호전문기관)

사실 울산에서 벌어진 사건은 흔치 않은 끔찍한 사례에 해당하지만, 정도의 차이가 있을 뿐 부모의 자녀 폭행은 자동차 접촉 사고만큼이나 많은 것 같다. 작은 일에도 쉽게 흥분하여 자제력을 잃어버리는 부모들은 주먹으로 때리거나, 발로 차거나, 몽둥이를 휘두르거나, 물건을 집어 던져서 아이들에게 신체적 손상을 입히기도 한다.

"어릴 때 친척 어른에게서 받은 만 원을 1,000원만 쓰고 잃어버린 적이 있었다. 그때 엄마에게 얼굴을 발로 채이고 몽둥이로 개처럼 두드려 맞았다. 겨우 일곱 살인데 그럴 필요가 있었을까? 두 번째로 기억하는 것은 공부 못한다고 술집이나 가서 일하라는 폭언이었다. 서러워서 종일 울었다."(M여자고등학교 1학년)

M여자고등학교 1학년생의 진술은 구체적이고 명료하여 부모가 아이를 폭행한 것이 사실로 보인다. 공부 못한다고 술집이나 가서 일하라는 언어적 폭력은 아동학대의 분류상 '정서학대'에 해당한다.

"유치원 때 하루는 다쳐서 돌아왔더니 아버지가 화를 막 내셨습니다. 걱정이 섞인 목소리가 아니라 그냥 화내는 것 같았

습니다. 그런데 같은 날 또 같은 부위를 다쳐서 돌아왔더니 아
버지께서 저를 때리셨습니다. 아직도 왜 그래야만 했는지 이해
를 못 합니다."(S여자고등학교 3학년)

아이가 다쳤을 때 부모 속이 상하는 것은 인지상정이다. 그렇
지만 자녀를 때려서 무슨 이익이 있는 것일까? '조심하지 않으면
다친다'는 사실을 이미 체험한 아이에게 아버지는 '조심하지 않으
면 매 맞는다'는 교훈까지 덤으로 안겨준 셈이다.

"일곱 살 때, 퇴근하는 아빠에게 '아빠, 오늘 지하실에 물이
차서 엄마가 물 퍼냈어'라고 말하자 아빠가 갑자기 방으로 신
발을 신고 들어오더니 나를 발로 찼다. 미쳤나 보다."(M여자고
등학교 3학년)

이 학생이 발로 차인 진짜 이유는 무엇이었을까? 진술 내용
만으로는 수긍할 만한 정황 설명이 되지 않는다. 학생의 표현처
럼 '아버지가 미친 것'이 아니라면, 아이는 왜곡된 기억을 간직하
고 있는 것일 수도 있다. 아이가 무엇인가 큰 잘못을 했기 때문
일까? 그렇다고 가정해도 어떤 교훈이 남았는가? 폭력은 공포와
분노만을 남긴다.
다음 사례는 부모 폭력이 원인일 것이라고 추측되는 망상적 사

고의 한 유형이다.

"내가 태어났을 때 날 이불에 처넣고 목을 졸랐다. 아직도 기억이 생생하다. 지금도 생각만 하면 목이 아프다. 만날 때리고 폭행이 심했다. 눈탱이가 밤탱이가 된 적도 있었고, 얼굴이 퉁퉁 부은 적도 있었다. 파스도 붙이고, 쫓겨난 적도 있다. 난 정말 불쌍한 아이다. 정말 셀 수 없을 만큼 많이 맞았다." (M여자고등학교 2학년)

### 정신분열장애

전 세계 인구의 약 1퍼센트가 정신분열증의 영향을 받고 있으며, 특히 노숙자의 14퍼센트가 이에 해당하는 것으로 보고되고 있다. 과거에는 정신착란, 광증, 정신이상 등으로 불렸다. 정신분열증 환자 네 명 중 한 명은 자살을 시도하며, 그중 10퍼센트는 죽음에 이른다. 정신분열증은 양성과 음성 두 가지 증상으로 확인되었는데, 양성 증상은 망상, 환각, 혼란스러운 말과 기괴한 행동이, 음성 증상은 시선 접촉을 피하고, 움직임과 표정이 없는 얼굴, 단조로운 목소리, 방향성의 결여 등 밋밋한 정서와 행동의 결함이 특징이다. 양성 증상은 약물 치료에 좋은 반응을 보이지만, 음성 증상은 만성적 장기화의 가능성이 높다.

'태어났을 때 부모가 날 이불에 처넣고 목을 졸랐고, 생각만 해도 목이 아프다'는 진술은 정신분열장애에서 흔히 드러나는 증상인 '망상(delusion)'에 의한 것일 가능성이 있다. 망상은 반대되는 명백한 증거가 있더라도 현실에 대한 잘못된 해석을 철회하지 않는다는 것이 핵심적인 특징이다. '내 귀에 도청 장치가 들어 있어서 다른 사람이 모두 듣고 있다'든가, '다른 사람이 생각을 조종하고 있다'든가 하는 식의 기괴한 생각이 이에 해당하며, 어떤 노래의 가사나 글귀 등이 자신에게만 특별한 메시지를 전한다고 믿거나, 종교적인 이유로 박해를 받고 있다고 생각하는 것도 망상적 사고에 포함된다.

이 밖에도 많은 아이들이 부모의 폭력이 행사될 때 수치심, 공포, 불안, 혼란, 실망 등 부정적인 감정 상태에 빠졌던 것으로 진술하였고, 충격, 절망, 적개심, 자살 충동과 같은 심정을 토로하기도 하였다.

"가족과 식사를 하다가 무슨 말이 나왔는데 아버지가 화를 내더니 앞에 있는 상추를 집어 던지는 것이었다. 황당하고 무서웠다. 중 3 때는 멜로디언으로 내 머리를 친 적도 있다. 그 외에도 아버지는 실망스러운 점이 좀 많다." (D고등학교 2학년)

"아파서 누워 있을 때 아빠가 가까이 오라고 했는데 귀찮아서 싫다고 말하자, 아빠가 이성을 잃고 딸의 얼굴을 발로 차고 빗자루로 때리고…. 그날 이후로 지금까지 아빠가 싫다."(S여자중학교 3학년)

"어렸을 때부터 심하게 맞고 자랐다. 한번 맞았다 하면 피멍이 들고 코피가 나기도 했다. 아빠는 한번 화가 나면 인사불성이다. 거의 자기 분에 날뛰면서 때리는 수준이다. 눈은 맹수같이 광이 나고 미친 사람 같다. 아빠만 보면 뱃속에서 화가 치밀고 이유 없이 기분이 망가진다. 아빠가 소리를 지르면 무섭기도 하고 한 대 날리고 싶다."(M여자고등학교 2학년)

"눈은 맹수같이 광이 나고 미친 사람 같다. … 무섭기도 하고 한 대 날리고 싶다"는 M여자고등학교 2학년생의 표현에는 아버지에 대한 공포와 불안 그리고 적개심이 적나라하게 드러나 있다.

지금까지 열거한 사례는 일부에 지나지 않는다. '아빠가 뺨을 때리고 주먹으로 배를 쳤다' '곡괭이로 때렸다' '야구방망이로 때렸다' '낮잠 잔다고 골프채로 때렸다' '매 맞고 팬티만 입고 쫓겨났다'며 아이들은 부모의 폭력을 성토한다.

"초등학교 생활기록부 행동발달기록에 '내성적'이라고 써 있

는 것을 본 아버지가 남자가 왜 내성적이고 소심하냐고 하면
서 때렸다. 정말 살기 싫었다.”(K고등학교 2학년)

K고등학교 2학년생의 아버지는 성격장애가 있는 듯하다. 소심
하다고 아이를 때리다니…. 이런 가정환경에서 대범해진다면 그
게 더 이상하리라. 아버지의 폭력에 순응하며 살다가 어느 날 충
격을 받았다는 고백도 있다.

“초등학교 5학년 때까지 부모에게 많이 맞았는데, 친구들
중에는 한 번도 맞은 적이 없는 아이들도 있다는 것을 알고 정
말 충격받았다.”(K중학교 1학년)

이 학생은 다른 아이들도 자기처럼 맞으면서 컸을 거라고 생각
했는데, 그게 아니란 사실을 알고 인간 존엄성에 대한 박탈감을
느낀 모양이다.

어린 나무를 곧게 키우려는 열망이 지나쳐 가지치기를 일삼다
보면 앙상한 나무에는 옹이만 남는다. 꽃이 핀다 한들 열매를 기
대할 수 있을까? 주먹질, 발길질, 몽둥이나 골프채로 때리기, 물
건을 던져 상처 입히기 같은 아동학대는 술에 취한 아버지에 의
해 행사되는 경우가 흔했는데, 아버지들의 폭력은 예나 지금이나
여전히 어머니에게 비할 바가 아닌 것으로 보인다.

# 22

# 체벌에 관하여

자녀 체벌에 대한 김재엽 교수의 연구에 의하면, 우리나라에서 18세 미만의 미성년 자녀를 둔 열 명 중 아홉 명의 부모가 자녀 체벌의 필요성에 동의하였다. 이 연구에서는 자녀에 대한 폭력 수준을 체벌(회초리나 자를 사용하여 때리는 수준), 경미한 폭력(손이나 발을 사용한 수준), 심한 폭력(몽둥이나 허리띠를 사용한 수준)으로 구분하였는데, 체벌이 필요하다고 믿는 사람들의 74퍼센트가 실제로 자녀를 체벌하였고, 경미한 폭력은 49퍼센트, 심한 폭력은 6.7퍼센트를 행사한 것으로 나타났다. 그러나 체벌이 필요하지 않다고 믿는 사람들의 경우도 39.1퍼센트나 체벌을 가한 것으로 나타났으며, 경미한 폭력은 36.2퍼센트, 심한 폭력은 4.3퍼센트를 행사했던 것으로 분석되었다. 김재엽 교수의 연구는 1998년의 자료이다.

그렇다면 시대 흐름에 따라 자녀 체벌에 관한 인식은 어떻게 달라졌을까? 2008년과 2013년에 문화체육관광부가 조사하여 발표한 '한국인의 의식 및 가치관 조사'를 보자.

- 2008년: 부모의 자녀 체벌을 찬성한다는 응답이 61.1퍼센트로, 반대한다는 응답의 38.9퍼센트보다 2배 가까이 높았음. 부모의 자녀 체벌에 대한 찬성 비율은 2001년 이후 큰 변화가 없음
- 2013년: 부모에 의한 자녀 체벌은 필요하다는 응답이 75.1퍼센트로, 2008년 조사 결과보다 크게 증가함

2000년대에는 자녀 체벌에 대한 찬성률이 이전에 비해 낮아졌으나, 2010년대에 다시 찬성률이 높아졌다. 현재 어른 네 명 중 세 명이 자녀 체벌에 대해 찬성한다는 결과다.

부모 혹은 교사가 교육적인 목적에서 자나 회초리를 사용하는 수준이라면 때에 따라 효과가 있을 수도 있겠다. 그러나 손발을 사용하거나 몽둥이를 사용하는 수준의 매는 목적이 어떠하든 그 것을 휘두르는 순간에 감정이 개입되기 마련이다. 폭력 수준의 매를 행사하면 매를 맞는 아이의 고통과 설움이 때리는 사람에게도

고스란히 전염되기 때문이다(신경과학에서는 이와 같은 전염을 '거울 뉴런'이라는 뇌신경세포의 활성화 때문이라고 설명한다는 것을 앞서 2장에서 말한 바 있다). 따라서 때리는 사람도 맞는 아이 못지않게 슬퍼지고, 때로는 통제력을 잃게 되면서 과잉 구타도 하게 된다. 어떤 사람은 아이를 때리다가 왜 때리고 있는지를 잊어버린 경우도 있다고 한다.

매를 든 사람의 신경을 장악했던 분노가 가라앉으면 필경 후회하게 마련이다. 풀 죽은 아이에게 미안한 마음이 들면 아이의 상처에 연고를 발라주거나 맛있는 음식을 사 주기도 한다. 또한 며칠 동안은 자녀가 마음대로 놀도록 자유를 허용하거나 자상하게 대해줄 수도 있다. 그러나 매번 이렇게 반복되면 아이에게 남는 교훈은 별로 없다. 아이들은 병 주고 약 주는 부모를 '예측 불가의 알 수 없는 사람'이라고 평가한다(설문 조사에서 많은 아이들이 자신의 부모를 그렇게 묘사했다).

그렇다면 부모가 아이를 때리다가 갑자기 껴안고 울면서 뽀뽀하는 행동의 심리는 과연 어떤 것일까?

정신분석학자들은 이 같은 행동을 '취소(Undoing)' 또는 '무위(無爲)'라고 부르는데, 이는 심리 방어기제의 일종이다. 흥분한 나머지 폭력을 휘두르는 자신이 불현듯 무서워지므로 정반대의 행동을 통해 이미 일어난 사실을 없던 일처럼 무마하려는 심리적 시도로 해석할 수 있다.

수업 중에 화가 나서 소리쳐도 별 반응을 하지 않는 아이들이 있어서 물어보았다.

"애들아, 내가 지금 화가 많이 났거든! 선생님 얼굴 보면 모르겠니?"

한 아이가 대답했다.

"화가 나면 고래고래 고함을 지르는 거 아녜요? 욕도 안 하고 때리려는 흉내조차 안 내니까 화나신 줄 전혀 몰랐어요."

대답한 학생은 집에서나 학교에서나 혼난 경험이 많은 아이였다. 아버지에게 혼나는 일이 다반사였고, 선생님들의 호통에도 익숙하였다. 이 아이는 자기가 좋아하는 선생님에게는 잘 보이려고 했지만, 타인의 감정을 읽는 능력이 매우 떨어진 상태였다. 주위 어른들로부터 언어적·정서적·신체적 폭력을 자주 경험하다 보니 만성 스트레스 상태에 놓여 있기 때문이었다. 이런 경우 인지 능력, 공감 능력, 학습 능력 등 모든 면에서 뒤떨어지는 것은 뇌가 즐겁지 않은 상태에 있기 때문이라고 뇌신경과학은 설명한다. 스트레스를 받으면 소화가 안 되고 체하는 것과 비슷한 원리이다.

간혹 방황하던 청소년이 부모나 선생님으로부터 모질게 맞은 후에 자신의 잘못을 뉘우친 경우도 있다고는 하지만, 이것은 카타르시스에 의한 극적 반전일 뿐이다. 아이에게 관용과 애정을 베풀던 부모가 어느 날 분노하여 한 번도 들지 않았던 매를 들었다면 그런 일이 가능할 수도 있겠다. 서럽게 울고 나면 속이 풀리는 것처럼 말이다. 그러나 카타르시스는 두 번 이상 반복되지 않는다. 조그만 잘못에도 굳은 얼굴로 잔소리를 해대고 회초리를 들이대는 훈육 방식으로는 그와 같은 극적 효과를 기대할 수 없게 마련이다.

# 부모와 자식 사이의 인권

　자녀에 대한 폭력이 가져오는 결과는 신체적·정서적 상처뿐만 아니라 행동장애와 가출로 이어질 수 있다.

　대전광역시 청소년쉼터 입소생을 대상으로 조사한 연구[7]에 의하면 가출 청소년들은 모두 부모에게 폭력을 당한 경험이 있었는데, 여러 번 따귀를 맞아 중이염에 시달리는 경우, 골프채로 맞아 머리가 찢어지고 팔과 허리와 무릎 등에 상처를 입은 경우, 각목으로 맞아 다리가 부러진 경우, 구타를 피하려 학교 건물 2층에

---

7　배희분·옥선화, 「부모에 의한 청소년 자녀 폭력 사례연구와 피해자 집단상담 프로그램 모형의 개발−대전광역시 청소년쉼터 입소생을 대상으로」, 『한국가족관계학회지』 제5권 1호.

서 뛰어내려 골절상을 입은 경우도 있었다. 이들은 부모의 폭력에 의한 직접적 상처 외에도 스트레스로 인한 위궤양, 편두통, 섭식장애 등을 앓아 지속적인 치료가 필요한 경우도 많았다.

**섭식장애**

섭식장애는 유아기나 초기 아동기에 발생한다. 흙이나 나뭇잎, 조약돌과 같이 먹을 수 없는 물질을 지속적으로 먹는 것을 '이식증(pica)'이라 하며, 먹어서 소화된 음식을 토해내어 소처럼 되새김하는 '유아기의 되새김장애'도 섭식장애에 포함된다. 반면 초기 성인기나 청소년기에 많이 나타나는 '신경성 식욕 부진증'이나 '신경성 과식증'은 90퍼센트가 여자에게서 나타나는데, 섭식장애와는 공통점이 거의 없는 것으로 알려져 있다.

부모의 폭력을 경험한 아이들에게서 나타나는 가장 큰 정서적 특징은 자아 존중감이 낮다는 것이다. 때문에 자신의 몸과 마음을 함부로 다루어 흡연이나 음주에 빠지거나, 자아 통제를 잘 못하며, 불안과 낙담 그리고 우울로 인해 자살을 시도하기도 한다.

"오냐오냐 버릇없게 키운 탓에 아이들이 비행을 저지르는 것이겠지요. 우리 애는요, 조금이라도 못된 짓을 하면 애 아버지가 그냥 두지 않아요. 호되게 잡아놓아서 가출이나 비행은 꿈도 꾸지 않을걸요. 얼마나 착한데요."

엄격한 사회 분위기에 편승해서 가장의 위세가 한창이던 과거에는 가능한 일이었는지 몰라도, 압박으로써 아이를 통제하던 시대는 이미 끝났다. 꾹꾹 눌러 다진 화약은 폭발력도 큰 법이다. 호되게 잡아 겉으로 착해 보이는 아이는 언젠가 시한폭탄처럼 터질 수 있다. 자녀 폭력은 여러 가지 부정적인 결과를 가져오지만, 특히 자유의지의 날개를 꺾어버리는 파괴의 도구가 된다는 점에서 부모가 행사하면 안 될 것 가운데 으뜸이라 할 수 있겠다.

지금까지 소개한 사례는 주로 신체 폭력에 초점을 두었지만, 이는 아동학대의 한 가지 범주에 지나지 않는다. 아동학대의 유형은 크게 정서학대, 방임, 신체학대, 성(性)학대, 유기 등으로 분류할 수 있다. 아동보호전문기관에 접수된 9,149건의 아동학대

**스트레스로 인한 흡연과 폭식**

이것은 우리 몸이 항상성을 유지하려는 생리적 활동과 상관관계에 있다. 우리 몸은 스트레스를 받으면 이완 상태로 돌아가려는 시스템을 작동시킨다. 이때 작용하는 호르몬이 코르티솔이다. 담배에 포함된 니코틴은 코르티솔 수치를 빠르게 상승시킨다. 스트레스로 뇌가 긴장하면 포도당 에너지의 필요성을 느끼고, 단맛을 선호하게 되며, 음식 섭취 욕구가 증가한다. 비만아가 늘어나는 것은 스트레스와 밀접한 관계가 있다.

사건 중에는 정서학대가 3,312건(36.2퍼센트)으로 가장 많았으며, 방임이 2,919건(31.9퍼센트), 신체학대 2,464건(27.0퍼센트), 성학대 368건(4.0퍼센트), 유기 85건(0.9퍼센트) 순으로 드러났다.

보통 '방임'이 아동학대의 한 유형에 속한다는 것을 부모들은 잘 모른다. 그러나 방임은 발달 지체, 성격장애와 같은 부정적인 영향을 끼치며, 엄마가 컴퓨터게임을 하느라 방치한 아이가 굶주리다 사망에 이른 사건처럼 치명적인 결과를 초래할 수도 있다.

# 못 배우면 못 가르친다

일관성 없는 양육 태도는 아이를 혼란스럽게 하고 눈치 보게 할 뿐 아니라 도덕성과 사회성을 비롯한 바람직한 인성 발달을 저해한다. 일관성이 없는 양육은 두 가지로 구분할 수 있다.

- 부모 간 불일치: 아버지와 어머니의 자녀 양육 태도가 다른 경우
- 부모 내 불일치: 아버지나 어머니(혹은 둘 다)의 자녀 양육 태도에 일관성이 결여된 경우

'부모 간 불일치'는 부모의 자녀 양육 태도가 서로 다른 경우

로, 아버지는 엄하고 어머니는 보호적인 태도를 가진 경우가 가장 흔하다. '불호령 아버지'와 '방어막 어머니'라고 할까? 아버지가 엄하면 엄할수록 엄마는 자식을 보호하려는 모성이 발동하여 자녀를 무조건 감싸 안으려는 경향이 생긴다. 이러한 가정의 문제점은 아버지의 강압이나 어머니의 허용이 둘 다 아이의 일탈 행동에 대한 지도력을 갖지 못하고 혼란을 겪는다는 것이다. 학교에서 말썽을 일으키는 소위 '문제아'의 가정환경을 살펴보면 이 유형인 경우가 가장 높은 비율을 차지한다. 이런 가정에서는 자연히 모자만 알고 있는 비밀이 늘어나게 마련이어서, 모자간의 유착이 공고해질수록 아버지는 가족의 중심에서 가장자리로 밀려나게 된다. 그나마 완력이 있는 중년까지는 아버지가 호기를 부릴 수 있지만 나이가 들면 이빨 빠진 사자처럼 초라해질 가능성이 있다.

반대로 어머니가 엄하고 아버지가 수용적인 양육 태도를 가지는 경우는 어떨까? 학교에서 오랫동안 상담을 하면서 살펴본 바에 의하면, 앞서의 양육 환경에 비해 가출이나 싸움 같은 큰 사건은 두드러지지 않았다. 그렇지만 어머니가 지나치게 엄격하고 잔소리가 많을 때는 아이가 모성애 결핍을 느끼기 때문에 정서적인 측면의 문제가 두드러진다. 특히 아이가 강박증, 불안증과 같은 신경증에 시달리고 있는 경우에는 어머니 역시 같은 증상인 경우가 흔히 관찰되었다.

'부모 내 불일치'는 부모가 자신의 기분에 따라 다른, 변덕스런 양육 태도를 보이는 경우이다. 똑같은 일에 대해서 어떤 날은 칭찬하고, 어떤 날은 무관심하고, 또 어떤 날은 심하게 야단을 치는 등 기준이 없을 때 아이들은 혼란스럽고 난감해진다.

"우리 부모는 한마디로 예측 불가 성격이다. 성적이 떨어졌는데 괜찮다고 하더니만, 성적이 오르니까 1등도 아닌데 뭘 자랑하냐고 비웃는다." (M고등학교 2학년)

"동생과 장난치는 내 모습을 보고 동생을 괴롭힌다고 여긴 아버지가 다짜고짜 달려와 손바닥으로 머리를 후려갈겼다. 아무리 자식을 위한다고 말해도 규칙 없는 매는 폭력의 남용일 뿐이다." (D고등학교 1학년)

D고등학교 1학년생의 아버지는 왜 다짜고짜 아이를 때렸을까? 아버지는 이렇게 대답할 수도 있다. "처음이면 제가 왜 그랬겠어요? 늘 동생을 괴롭히니 벼르다가 한 번 혼쩌검을 냈을 뿐입니다."

그렇다면 아버지의 게으름을 탓할 수 있겠다. 잘못된 행동을 묵과하다가 돌연 화를 냈으니 말이다. "대부분의 아버지들은 그렇지 않은가? 어떻게 일일이 아이들의 행동에 간섭할 수 있겠느

난 말이다. 오히려 그리하면 잔소리 많은 아버지라고 더 싫어하지 않겠는가?"하고 항변할지도 모르겠다. 여기에 딜레마가 있다. 자녀의 못마땅한 행동을 지도하는 방법이 훈계하거나 혹은 방임하거나 둘 중에 하나라고만 여기는 탓에 답이 보이지 않는 것이다.

자녀가 잘못된 행동을 했을 때는 대화로 풀어가는 것이 바람직한 교육 방법이다. 자녀가 대화를 회피한다면 부모는 대화의 기술을 재학습해야 한다. 대화의 기본 정서는 즐거움이고, 반영적 경청과 공감적 이해의 과정이 포함되는 쌍방향 의사소통이어야 한다.


합승 택시 안에서 네 살 정도 된 남자아이가 신발을 신은 채 뒷자리 소파에 올라가 폴짝폴짝 뛰기 시작했다. 엄마는 무슨 생각을 하는지 아이의 행동을 그냥 방치하고 있었다.

눈살을 찌푸리던 앞 좌석의 손님이 한마디 하려는데 때맞춰 아이 엄마가 입을 연다.

"야, 뛰지 마."

아이는 들은 척도 않고 폴짝폴짝 뛰기를 계속했다. 1분 정도 지났을까, 아이 엄마는 다시 한마디 한다.

"야, 뛰지 말라니깐."

그래도 아이는 여전히 멈추지 않는다. 아이 엄마는 또 다시 창

밖의 풍경만 쳐다본다. 2~3분 후에 아이 엄마는 다시 생각이 난 듯 감정 없는 어조로 말한다.

"야, 너 자꾸 그러면 혼낼 거야."

아이는 혼낸다는 소리를 듣고도 계속 뛰었다. 폴짝폴짝 풀썩풀썩. 어지간히 무던한 성격인지 그동안 아무 말도 하지 않고 있던 택시 기사가 점잖게 한마디 한다.

"얘야, 그렇게 뛰면 못쓴다."

택시 기사의 말을 듣자 아이 엄마는 아이를 잔뜩 노려보더니 갑자기 손바닥으로 엉덩이를 두드려 패기 시작한다.

"엄마가 좋은 말로 할 때 그만두라고 했지! 꼭 맞을 짓을 해요. 넌 대체 누굴 닮아 이러냐!"


이 엄마는 자신의 양육 태도가 변덕스럽고 일관성이 없다는 것을 인식하지 못하고 있다. 아무 생각 없이 있다가 남에게 싫은 소리를 듣고는 화가 나서 아이를 때렸다. 그렇지만, 최대한 교육적 의미를 부여하여 엄마의 입장을 대변해보자.

"나는 분명히 아이의 잘못을 바로잡으려고 했다. 처음에 그냥 둔 것은 아이가 스스로 그만두기를 기다린 것이다. 아이를 야단치면 기죽는다고 하더라. 그래서 참고 있었던 것이다. 그렇지만 끝끝내 멈추지 않아서 때릴 수밖에 없었다. 따끔한 맛을 보았으니 다시는 그런 행동을 하지 않겠지. 때린 것은 미안하지만 다 아이를 위한 것이다. 아이도 크면 엄마 마음을 알게 될 테니."

엄마의 논리에는 방임적 태도와 통제적 태도에 폭력까지 혼합되어 있다. 엄마가 아무 설명도 없이 하지 말라는 명령만 되풀이하다가 갑자기 때린 것이니, 아이는 자기가 왜 맞아야 하는지 이해하지 못하거나 이 상황을 왜곡하여 기억할 가능성이 높다.

'엄마는 이상하다. 내가 재미있는 놀이를 하면 하지 말라고 때린다.'

바람직한 지도 방법은 처음부터 신발을 신고 올라가지 않도록 하는 것이다. 그리고 아이가 그 이유를 알도록 설명해주어야 한다. 단순한 명령이나 폭력으로는 아이가 배울 것이 없다.

자상한 설명과 대화를 통해 가르치는 수고는 아이가 어릴수록 더 필요하다. 아이가 어리기 때문에 설명이 필요 없다고 생각하여 대화를 통한 교육을 훗날로 미루면 자녀의 발달 속도가 더뎌진다. 말귀를 알아들을 때까지 기다리는 것은 정말 중대한 실수가 아닐 수 없다. 아기 때부터 무엇이든 자세히 설명해주어야 한다. 아기에게는 쉬운 단어도 어려운 단어도 없다. 고급 언어를 써서 설명하고 가르치면 학습 지능의 빠른 발달을 꾀할 수 있다. 이렇게 기른 아이들은 또래들에 비해 학습 성취 속도가 빠르며, 순응적인 사춘기를 보낼 가능성도 높아진다.

# 행복을 원한다면

아이가 이해와 관용 속에서 성장할 때 훨씬 바람직한 인성의 소유자로 성장하여 만족한 삶을 누리게 된다는 것은 수많은 연구를 통해 입증된 바 있다. 그럼에도 불구하고 물리적 힘을 동원하는 어른이 많은 것은 오랜 사회적 관습 탓에 권위주의적 양육 방식이 익숙하기 때문이며, 아이를 사랑과 수용으로 이끌 만한 역량과 인내심이 없는 탓이기도 하다.

정신의학자 에릭 번(Eric Berne)은 부모들의 양육 태도에 따라 자녀들은 '자기부정-타인긍정의 자세(I'm not OK-You're OK)' '자기부정-타인부정의 자세(I'm not OK-You're not OK)' '자기긍정-타인부정의 자세(I'm OK-You're not OK)' '자기긍정-타인긍정의 자세

(I'm OK-You're OK)'의 네 가지 생활 자세를 형성할 수 있다고 설명하였다.

먼저 '자기부정-타인긍정의 자세'는 매사에 자신감이 없고 다른 사람을 부러워하는 생활 자세이다. 시쳇말로 공주병의 반대인 '시녀병'에 비유할 수 있다. "네가 잘하는 것이 없어서 엄마, 아빠는 늘 걱정스럽구나." 부모가 자녀에게 이런 종류의 메시지를 자주 보내면, 아이는 부모의 우려대로 위축감을 떨치지 못한 채 평생을 우울하게 살 수도 있기 때문에 일명 '우울증적 자세'라고도 한다.

'자기부정-타인부정의 자세'는 어린 시절부터 뭘 못한다고 자주 꾸중을 들으며 학대받은 아이에게서 발견될 가능성이 높다. 심한 경우 극단적 퇴행 상태에 빠져 정신병원이나 감옥에서 일생을 보내거나 혹은 자신을 죽음으로 몰고 가기도 한다. 성적을 비관하여 자살한 학생들이 꾸준히 매스컴에 보도되는데, 사건 표면의 동기는 성적이지만 그 이면에는 자기부정의 심리가 뿌리내리고 있다고 보아야 할 것이다.

'자기긍정-타인부정의 자세'는 '편집증적 자세'라고 불리기도 한다. 다른 사람에 대한 불신, 비난, 증오 등의 행동 특징을 보이는 유형이다. 즉 제 잘난 줄만 알고 남을 업신여기는 자세를 가진 사람이라고 할 수 있다. 또한 자신에 대해 긍정적이라고는 하지만, 이는 '왜곡된 자존심'일 가능성이 높다. 부모에게 오랫동안 학대받으며 자란 아이는 극단적으로 왜곡된 자기긍정-타인부정의 자세를 형성할 가능성이 높아진다. 구타와 학대를 일삼는 부모는 '너를 사랑하기 때문이다. 너를 위해서 때리는 것이다'라며 자기 합리화를 하게 되고, 아이는 이 과정에서 '사랑하는 사람도 나를 때리니, 나를 사랑하지 않은 타인들은 더욱 나쁠 것이다'라는 상상을 하게 된다.

마지막으로 '자기긍정-타인긍정의 자세'는 육체와 정신이 건강하여 자신과 다른 존재의 의미를 충분히 인정하는 건설적인 인생관을 가진 경우이다. 이 자세는 부모나 주변 사람의 허용과 사랑에 의해서 강화되고 육성된다.

우리는 어떤 유형의 생활 자세를 가지고 있는가? 일상을 잘게 나누어 생각해보면 이들 중 어느 하나라고 단정할 수 없을 것이다. 때로는 세상이 전부 아름답게 보이고, 때로는 모든 것이 허망하게 느껴지고, 때로는 내가 자랑스럽고, 때로는 남이 부럽고…. 이렇듯 우리는 늘 동요하며 살아간다. 그렇지만 언제나 가치관의 지향점은 긍정이다.

"너는 지금 옳지 않다. 똑바로 해라(You're not OK)!"

부모는 자녀들에게 생활 전반에 걸쳐 알게 모르게 이와 유사한 주문을 외우고 있지는 않은가 되돌아보아야 한다. 부정적인 생활 자세는 부모의 양육 태도에 따른 어릴 적 경험에서 비롯되기 때문이다.

자녀교육의 처음과 끝은 아이로 하여금 '나는 유능하다'라는 확신을 갖도록 하는 일이라고 생각한다. 아이를 긍정적인 시선으로 바라보면 부모 자신의 마음도 여유로워지고 아이의 자기유능감 형성에도 좋은 영향을 미치니 모두에게 유익하다. 자기유능감은 '절대적 자신감'이다. 이는 남과 비교하여 얻는 상대적 우월감과는 차원이 다르다. 상대적 우월감은 모래성과 같아서 작은 충격에도 쉽게 허물어진다. 우월감을 유지하기 위해서 평생 무언가에 쫓기듯이 살 수도 있다. 또한 우월감을 유지하지 못하면 열등감이나 패배감에 빠지기 쉽다.

자기유능감으로 충만한 아이가 되면 순풍에 돛 단 듯이 인생을 항해할 수 있다. 누구와 비교하지 않고 자신의 잠재력을 마음껏 발휘하며 자아실현을 향해서 갈 수 있다. 자아실현에는 특별한 목적지가 없다. 바람이 부는 대로 맡겨두고 항해를 즐기는 것, 그 자체가 자아실현이기 때문이다.

내 아이가 잘되기를 바란다면 다른 사람과의 비교를 통해 성공과 실패를 가늠하는 불편한 마음부터 훌훌 털어버려야 한다.
그리고 무엇이 자신의 의도대로 이루어지기를 간절히 바라지
않아야 한다. 간절히 바란다는 것은 쉽사리 이루어지기 힘들다
는 전제를 깔고 있고, 그런 생각은 각종 무리와 폐해를 낳게 마
련이다. 자녀교육에 관한 한 담백한 마음가짐이 필요하다.

- 신규진, 『바라지 않아야 바라는 대로 큰다』 중에서

# 애정과 관심을 요구하는 아이들

설문 대상 학생(2,445명)의 약 7퍼센트는 '부모가 원하는 물건을 사 주지 않았거나, 용돈을 적게 주거나, 학교 행사에 부모가 참여하지 않았을 때' 실망했다고 응답하였다.

"제일 실망했을 때가 다른 친구들이 다 가지고 있는 걸 사 주지 않았을 때이다. 나는 그때 친구들을 보며 많이 부러워했다." (G고등학교 1학년)

"어릴 때 거의 장난감을 사 주지 않아서 실망했다." (K중학교

3학년)

"유치원 재롱 잔칫날 2단 변신 필통을 안 사 줬을 때 실망했
다." (K고등학교 1학년)

초등학교 저학년 이전의 아이들은 장난감이나 게임기를 가지
고 싶어 하고 고학년이 되면서부터는 성능 좋은 컴퓨터를 가장
많이 원하는데, 위의 세 학생은 소유하고 싶은 물건을 가지지 못
한 탓에 부모에게 실망하였다. 남들이 대부분 가지고 있는 물건
을 자신만 소유하지 못했을 때 처량한 기분이 드는 것은 어른들
도 마찬가지이며, 아이들은 더욱 그럴 수밖에 없다.

"시험 100점 맞으면 게임기 사 준다는 약속을 어겼을 때 무
척 실망했다." (D고등학교 1학년)

"백설 공주 베개를 사 준다고 약속하고서 사 주지 않은 일
로 오랫동안 상심했다." (S여자중학교 1학년)

위의 두 사례는 부모가 약속을 지키지 않아 원하는 물건을 가
지지 못한 것에 대해 상심한 경우이다. 어른 입장에서는 별것도
아닌 것을 가지고 실망한다 싶겠지만, 잠시 동심의 세계로 돌아

가서 생각해보면 아이에게는 세상에서 가장 가지고 싶은 멋진 물건이기에 그만큼 상심도 큰 것이다. 더구나 부모의 약속에 한껏 부풀어 있다가 그 기대가 무너진 탓에 오랫동안 잊히지 않는 실망의 기억으로 남았다.

약속이란 중요한 것이나 하찮은 것으로 구분할 수 있는 개념이 아니다. 약속은 약속이기 때문에 지켜야 하는 것이고, 피치 못할 사정이 있는 경우에는 상대의 이해와 동의를 얻어야 파기할 수 있는 것이다. 더군다나 조건을 걸고 한 약속이라면 반드시 지켜야 한다. 그렇지 않으면 사기라고 비난받아도 아무런 변명의 여지가 없다.

유치원이나 학교 행사에 부모가 참석하지 못했을 때, 비 오는 날 부모가 우산을 가져오지 않았을 때, 생일을 제대로 챙겨주지 않았을 때 실망하는 경우도 많았다.

"부모님이 모두 오시는 학예 발표회, 운동회에 우리 가족은 아무도 오지 않아서 실망했다." (S여자고등학교 1학년)

"비 오는 날 다른 아이들의 부모님들은 우산을 들고 교문 앞에서 기다리곤 했는데, 나는 어렸을 때부터 부모님이 맞벌이를 하셔서 추적추적 오는 비를 그대로 다 맞고 신발까지 젖은 채 혼자 현관문을 열고 들어와야 했다. 그럴 때 슬펐다." (M여

자고등학교 3학년)

위의 두 학생이 부모에게 바라는 것은 '관심'이다. 부모의 맞벌이라는 불가피한 사정이 있음을 모르지 않으면서도 쓸쓸해지는 감정만은 어쩔 도리가 없었던 모양이다.

"나의 열 번째 생일날. 일찍 들어오기만을 기대했지만 술에 취해 밤늦게 귀가하신 아버지. 5월 6일이 당신 딸의 생일이었는지 기억조차 못하시던 그분의 무관심에 나는 실망할 수밖에 없었다."(Y고등학교 3학년)

"초등학교 때까지인가? 내 생일을 꼬박꼬박 챙겨줬다. 하지만 중학교 올라오고는 미역국도 안 끓여준다. 아니 초등학교 때도 나한테 진정으로 생일 축하한다고 말해준 적이 없다. 그냥 선물을 사 주거나 친구들과 파티 하라고 돈을 주셨다. 그래서 생일이 기쁘지 않다. 단순히 인생에 있어서 노는 날이다. 아빠는 왜 엄마만 좋아하냐고 내게 묻지만, 그럴수록 아빠가 더 싫어진다. 관심 있는 척하는 것도. 아빠는 내 나이도 모른다."
(Y고등학교 2학년)

크리스마스이브 날 밤에 양말을 걸어두고 잤는데 속이 텅텅 비어 있을 때. 아이의 기분은 바람 빠진 풍선처럼 쪼그라든다. 이름만 불러줘도 폴짝폴짝 뛰면서 기뻐하는 강아지, 그게 바로 아이들이다. 입히고 먹이고 재우고, 그것만으로 부모의 역할을 다했다고는 말할 수 없다. 애정과 관심이라는 비타민이 떨어지지 않도록 늘 보살펴야 한다.

# 아이들 물건에
# 손대지 말자

"아빠가 군것질을 싫어하셔서 내가 받은 과자 선물을 모두
버렸다. 그것이 가장 싫었다." (S여자중학교 1학년)

"아빠가 내 인형을 다 내다 버리고 미안하다는 말 한마디 안
했을 때." (S여자중학교 1학년)

"내가 수집한 자료를 부모님이 모두 버렸을 때. 지금은 축구
국가 대표에 미쳐서 책도 사고 스포츠 신문도 거의 100부 이
상 스크랩을 했는데 언제 또 사라질지 걱정이다." (S여자고등학

교 2학년)

"아빠가 책상 정리를 하라고 다 뒤엎은 적이 있다. 그때 아빠가 막 때려서 나도 엄청 대들었다가 맞아 죽을 뻔한 적이 있다."(M여자고등학교 2학년)

부모가 보기에는 쓸데없는 물건일지라도 아이의 동의 없이 함부로 버리는 것은 삼가야 한다. 그것이 무엇이든 소중하게 여기는 것은 그냥 물건이 아니라 '사랑의 감정이 달라붙은 것(애착의 대상)'이기 때문이다. 내 사랑의 감정이 담겨 있는 물건을 쓸데없는 쓰레기로 취급하다니! 실망스럽고 슬프지 않을 수 없다.

굳이 버려야 할 물건이라면 합당한 이유를 설명하고 아이 스스로 치우기를 기다리는 것이 좋다. 반창고처럼 들러붙은 애착을 살살 떼어내려면 시간이 필요하기 때문이다.

"내 일기장 봤을 때."(Y고등학교 1학년)

광고 카피처럼 아주 짧게 함축적인 문장으로 실망감을 표현한 사례다. "부모님이 나의 일기장을 몰래 보았습니다. 당혹스럽습니다. 더 이상 무슨 설명이 필요합니까?"라고 말하는 듯하다.

글쓰기 지도와 장려를 위해 초등학교 선생님이 일기를 검사하는 경우는 있다. 이는 일기 쓰는 행위에 대해 '참 잘했어요'라고 칭찬하고 상을 주기 위해서 하는 것이지, 내용 자체를 사찰하거나 평가하기 위한 것은 아니다. 소설가 김형경은 초등학교 시절 부모와 선생님에 대한 온갖 불만을 일기장에 털어놓았는데 험악한 욕설로 도배하다시피 했다고 한다. 그런데 그의 담임선생님은 매주 일기 검사를 하여 꼬박꼬박 상을 주었고 심지어는 잘 쓴 일기로 뽑아 복도에 전시까지 하였다. 김형경은 그때를 기억하며 '일기가 내면의 분노를 분출할 수 있는 유일한 창구였다. 담임선생님이 그 일기를 용인하지 않고 단 한마디의 야단이라도 치셨다면, 위축되어 있던 나는 아마 이후로는 일기를 쓰지 못했을 것이고, 소용돌이치는 분노로 인해 방황하는 반항아가 되었을지도 모른다'고 회고했다.

일기장을 근거로 아이를 질책하거나 추궁한다면 역효과만 불러올 것이다. 만약 부모가 아이의 일기장을 보게 되었다면, 아이의 내면을 이해하고 부모 자신의 모습을 돌아보는 계기로 삼는 것이 좋다.

다음은 돈과 관련된 실망 사례이다.


"세뱃돈 다 빼앗아갔을 때." (K중학교 2학년)


"내가 저축한 20만 원가량의 돈을 부모님이 슬쩍 써버려서

실망했다.”(Y고등학교 1학년)


“초등학교 6학년 때 통장에 돈을 모으며 흐름을 타고 있을 때 엄마가 갑자기 내 통장의 돈을 다 빼갔다. 약간의 당황함과 함께 흐름이 끊겨서 돈을 아끼던 버릇이 펑펑 쓰는 스타일로 바뀌어버렸다.”(K고등학교 1학년)


“내가 정성스럽게 키운 닭 두 마리를 6,000원씩 받고 부모님이 몰래 팔아버렸다. 지금도 그때를 생각하면 눈물이 난다.”(K고등학교 2학년)


아이의 돈을 부모가 슬쩍 써버리거나 은근히 압력을 가해 빼앗는 것은 아주 좋지 않은 행동을 몸소 시범하는 것이다. 그런 행위를 법적인 용어로 절취, 갈취라고 한다. 물론 부모가 자식에게 쏟은 정성과 돈을 계산하자고 들면 아이들은 말문이 막히겠지만, 자녀는 채무자로 태어난 것이 아니니 그런 헛말은 꺼내지도 말 일이다.

# 28

# 아이가 떼쓰는 이유

유치원생으로 보이는 남자아이가 백화점 에스컬레이터 위에 드러누워 장난감을 사달라고 몸부림치는 중이다. 버르장머리 없어 보이는 건 둘째 치고 매우 위험해 보여서 지나가는 사람마다 끌끌 혀를 차는데, 아이의 아빠는 본척만척 외면하고 있다. 아이 엄마가 위협 반 애걸 반으로 어서 일어나라고 해도 아이는 막무가내다. 결국 아이의 할머니가 나섰다.

"그래, 그래. 알았으니까 일어나라. 옳지! 장하다, 내 새끼. 아, 에미야, 사 준다고 해라. 어서!"

결국 어른들이 굴복하고 아이는 벌떡 일어나 장난감 코너로 뛰어갔다.

우리는 이와 비슷한 문제로 골치 아파하는 부모들을 주변에서 흔히 볼 수 있다. 고집불통으로 떼쓰는 아이. 어떻게 하면 버릇을 고칠 수 있을까? 아이의 요구를 끝까지 묵살해야 할까, 아니면 원하는 대로 무엇이든 들어주어야 할까?

떼쓰는 심리의 심층에는 부모의 애정에 대한 불안감이 자리하고 있다. 부모의 애정에 대한 확신이 없는 자녀일수록 부모에게 이런저런 요구를 하고 애정을 시험하려 든다. 또한 당연히 들어줄 것 같은 요구로는 애정을 확인할 수 없기 때문에 부모가 선뜻 들어주기에 다소 과한 것을 요구한다. 이럴 때 부모가 호통을 쳐서 아이의 요구를 묵살하는 일이 잦으면 고집불통 성격으로 강화될 가능성이 높아진다. 아이가 찔끔찔끔 울거나 풀이 죽은 듯하면 부모가 약해지기 마련이어서 당장 요구를 들어주지는 않더라도 그에 상응하는 보상을 해줄 가능성이 그만큼 높아지기 때문이다. 여러 차례 떼쓰기를 반복해서 자신이 원하던 것을 얻은 아이는 이후로도 같은 전략을 구사한다.

그런데 번번이 아이의 시도가 무산된다면 어떨까? 다시 말해 부모가 아이의 버릇을 고쳐놓겠다고 아이의 요구를 냉정하게 무시하면 어떻게 될까? 아무리 떼를 써도 안 되면 결국엔 제 풀에 지칠 테지만, 문제는 요구하기를 포기하면서 부모도 함께 포기한다는 것이다. 아이는 부모가 자기를 사랑하지 않는 것이 틀림없다고 생각하며 그때부터 마음의 거리를 두기 시작한다.

혹시 내 아이가 떼쟁이라면 아기 때부터 아이의 작은 목소리를 못 들은 척하거나 혹은 무심하게 지나친 경우가 없었는지 생각해 봐야 한다. 내가 본 떼쟁이 아이의 엄마들은 아이의 작은 소리에는 반응하지 않았던 경우가 많기 때문이다. 무슨 말을 해도 들은 척 만 척 자기 일에만 열중하는 엄마라면 아이는 목청을 높일 수밖에 없다.

부모는 24시간 편의점처럼 아이의 요청에 화답해야 하는 것이 관계의 법칙이다. 상대가 누구든 내가 신호를 보냈을 때 아무 응답이 없다면 화나지 않겠는가. 시쳇말로 누가 내 말을 씹으면 열받지 않는가 말이다.

학부모 강의에 참석한 어떤 엄마가 말했다.

"그렇다고 아이가 원하는 대로 요구를 다 들어주면 버릇이 없어지죠. 아이가 공공장소에서 이리 뛰고 저리 뛰고 난리법석인데도 내버려 두는 부모들을 보세요. 사달라는 것 다 사 주고 제 하자고 하는 대로 다 들어주면 커서 어떤 사람이 되겠어요? 안하무인이 따로 없죠."

이 엄마는 '부모는 24시간 편의점이 되어야 한다'는 말을 곡해했다. 24시간 편의점은 모든 물건을 구비하고 있는 곳이 아니라, 언제나 문을 열고 손님을 맞이하는 곳이다. 그리고 있는 물건은 팔 수 있지만 없는 물건까지 구해주지는 않는다.

여기서 아이가 요구하는 대로 다 들어주는 부모-자녀 관계의 형성 과정에 대해 살펴볼 필요가 있다. 물론 아이의 모든 요구를 들어주는 방식은 바람직하지 않은 양육 태도이다. 이는 부모가 게으르든지 혹은 잘 몰라서 자상하게 대화로 가르쳐본 경험이 없거나 적은 데에서 비롯된다.

그렇다면 어떻게 해야 성숙한 수준의 행동을 할 수 있도록 아이를 이끌 것인가? 아이의 요구를 수용하는 데 일정한 기준이나 조건을 두면 도움이 될까? 한 시간 책을 읽으면 한 시간 컴퓨터를 할 수 있다는 식의 기준 말이다. 이와 같은 조건부 수용은 오래전부터 이미 많은 부모들이 써왔던 방식이다. 그런데 만약 아이가 약속을 지키지 않으면 어떻게 할 것인가? 책을 읽는 둥 마는 둥 시간만 때우고 컴퓨터를 붙들고 있는 시간이 슬슬 늘어나는 식으로 아이가 요령을 피우면 부모는 다시 통제 모드로 돌아가기 십상이다. '약속 하나도 지키지 못하니 너를 믿을 수 없다'는 메시지가 전달되고, 아이는 다시 풀 죽은 모습으로 열심히 하는 척하고…. 이처럼 조건부 허용 방식은 밀고 당기기의 반복을 통해 또 다른 불신이 더해지는 계기가 될 뿐이다.

결국 '아이의 요구를 수용할 것인가, 말 것인가' 하는 데에만 초점을 두면 답이 나오지 않는다. 그것보다는 애정의 전달 방식에 관심을 가져야 한다. 표정이나 행동을 통해서 부모의 사랑이 자녀에게 전달되긴 하지만 무엇보다 필수적인 것은 대화이다.

대화가 중요하다는 것을 알면서도 이를 제대로 실행하지 못하는 것은 매스컴에서 보도한 대로 가족끼리 대면할 시간이 적기 때문일까? 물리적인 조건의 제한 때문이라고 믿는 것은 대개 자기 합리화인 경우가 많다. 시간이 있을 때도 대화 대신 각자의 방에서 따로 지내지 않는가?

또한 많은 부모들이 아이의 대화 능력을 과소평가하여 아이와 대화할 수 있는 가장 중요한 시기를 놓친다.

"우리 애는 아직 너무 어려서 말뜻을 이해하지 못해요. 겨우 엄마, 아빠 하는걸요."

엄마 배 속에 있는 아이는 6~12주 사이에 소리와 진동을 느끼고, 4~5개월이 지나면 소리와 멜로디에 반응하며, 7개월이 지나면 모든 소리를 들을 수 있다.

**태아의 뇌 발달**

태아는 청각적인 자극이 반복되어 친숙해지면 쉽게 배우고 기억한다. 태아의 뇌 발달 가운데 신경조직의 연결 및 발달은 90퍼센트 이상이 청력에 의해 활성화된다. (태교 심포지엄, 가톨릭대학교 의과대학 성인경 · 성균관대학교 의과대학 김문영, 1999)

들을 수 있는 능력이 생겼다는 것은 곧 의사소통을 하기 위한 준비가 되었다는 뜻이다. 태교에 관심 많은 부모는 임신 계획 단계부터 몸과 마음을 정결히 할 뿐 아니라, 태아에게 음악을 들려주고, 자상한 목소리로 대화를 시작한다. 아이가 배 속에 있을 때부터 기쁜 마음으로 아기자기한 대화를 시작한 엄마는 출생 후에도 아이와 의사소통을 잘한다.

목욕물을 데워서 아기를 씻길 때 "이제 엄마가 네 몸을 깨끗하게 씻길 거야. 어때, 물이 따뜻하지?"라고 말하는 엄마. 옆에서 다른 이가 "아이가 뭘 알아듣는다고 말이 그리 많아요?" 하면, 웃으면서 "서현아, 저분은 옆집 아주머니인데, 참 인정이 많은 분이란다"라고 소개한다. 아기를 업고 재울 때나, 기저귀를 갈아줄 때나, 젖을 먹일 때나 이 엄마는 항상 아이와 대화한다. 이것은 유대인 유아교육법의 핵심과도 통한다(유대인은 전 세계 인구의 0.25퍼센트에 불과하지만 역대 노벨상 수상자의 23퍼센트를 배출한 것으로 알려져 있다).

아이에게 자상한 정보를 알려주는 것은 아이를 소중한 인격체로 대우하는 것이다. '안 돼' '못써' '하지 마' '그래' '잘했어' 등 짤막한 단어로만 명령하거나 지시하는 것은 일방적 메시지일 뿐 대화가 아니다. 아이가 어휘의 뜻을 몰라도 개의치 않고 자상하게 설명하면 아이는 고개를 끄덕이며 수긍하게 된다는 것을 체험해 본 부모들은 알고 있다.

“때찌! 때찌! 그럼 못써. 경찰 아저씨가 잡아가요.”

이처럼 정황 설명이 없는 말을 통해서는 아이가 배울 것도 없을뿐더러, 경찰이 잡아간다는 식의 거짓 정보는 아이의 학습 능력 발달에 별 도움이 되지 못한다.

“아가야, 그렇게 잡아 흔들면 화초가 시들어 죽을지도 몰라. 네가 엄마 젖을 먹고 크듯이 화초는 땅에 뿌리를 내리고 물과 양분을 흡수해야 살 수 있어. 화초는 우리에게 필요한 산소를 뿜어 주고 꽃을 피워 행복을 선사하는 아주 소중한 존재란다. 자, 엄마 손을 잡고 화초를 쓰다듬어주자. 이제 엄마를 따라 해봐. 화초야, 미안해.”

아이는 엄마의 자상한 목소리와 눈빛과 피부 접촉을 통해서 화초를 소중히 여겨야 한다는 것을 본능적으로 학습하게 된다. 대화는 눈과 마음에서 시작되는 것이다. 부모가 아이와 눈을 마주치면서 성의 있는 설명을 반복하면 아이는 반드시 화답한다. 아기 때부터 부모의 자상한 설명을 듣고 자란 아이는 언어에 대한 이해와 구사력도 일찍 발달할 뿐만 아니라, 부모에 대한 신뢰와 자신에 대한 존중감이 높아져 억지로 떼를 쓰는 일도 거의 없게 된다. 하물며 이미 어린아이가 아닌 자녀라면 어떻겠는가?

# 29

# 10대들의 정신세계

어린 시절에 비해 보다 성숙해진 청소년기의 자녀들은 부모의 고충을 헤아리고 현실을 바라보는 안목도 발달하기 때문에 태도 면에서 여러 변화를 보인다. 마냥 투정을 부리는 것이 능사가 아니라는 사실을 깨달은 청소년은 부모와의 관계 개선을 위해 스스로 노력하게 된다. 대학도 가야 하고 장차 결혼해서 독립할 때까지는 부모의 지원이 여전히 필요하다는 것을 아는 청소년들은 설령 여러 가지 불만이나 요구가 있더라도 이를 잘 드러내지 않는 경우가 많다. 더구나 학업에 얽매여서 부모와 대면할 시간이 많지 않기 때문에 부모와 대화 없이 지내는 것이 자연스럽기까지 하다.

“우리 애가 중학교에 가더니 철이 들었나 봐요. 초등학교 때까지는 투정이 심했는데 이제는 과묵하니 말수도 적고 의젓해졌어요.”

과묵해진 자녀를 두고 이런 식으로만 해석하는 것은 단순한 판단이 아닐까? 어른이나 애나 행복한 사람은 하고 싶은 말이 많은 법이다. 평소에 말이 없어 보이는 아이도 마음에 맞는 친구를 만나면 온종일 수다를 떨며 놀지 않던가? 어느 시기부터 자녀의 말수가 적어졌다면 부모에게서 심리적으로 지나치게 멀어진 탓은 아닌지 살필 일이다.

청소년기는 미래를 위해 준비할 것도 많고 심리적으로 불안정한 시기이다. 청소년은 부모에게 물질적인 지원뿐만 아니라 정신적인 지지와 위로도 함께 받기를 원한다. 학업 문제, 진로 문제, 교우 관계, 이성 문제 등 부모와 상의하고 자문을 구하고 싶은 것이 너무나 많다. 그런데도 입을 닫고 말하지 않는 것은 부모에 대한 기대감이 적어진 탓이다.

누구나 부모 노릇을 완벽하게 할 수는 없다. 때로는 아이들이 흉볼 만한 잘못도 하고 창피할 정도의 실수도 한다. 다만, 그로 인해 생기는 실망감을 제때 풀어주지 못하여 트라우마(trauma)로 각인될 때는 문제가 된다.

‘자식은 속으로 사랑해야지 겉으로 사랑하면 못쓴다’는 고정 관념 또한 부모와 자녀 사이의 친밀한 관계 형성을 방해한다. 그나마 은유와 침묵의 문화에 익숙했던 과거에는 '어른들은 원래 그러려니' 하며 그럭저럭 순응했지만, 이제는 상황이 다르다. 직설적 표현에 익숙한 신세대 아이들은 부모의 침묵 속에 갈무리된 사랑을 잘 알지 못하며, 부모가 구사하는 반어적 표현이나 비유적 표현을 잘 소화하지 못한다.

부모가 자녀를 사랑한다면 그것을 쉽게 느낄 수 있도록 '표현해야' 한다. 오늘은 기분이 어떤지, 부모가 도와줄 일은 없는지 부모들은 끊임없이 자녀와의 대화를 시도해야 한다. 요즘처럼 SNS 통신이 발달한 시대에는 얼마든지 문자로 대화를 주고받을 수 있으니 얼마나 편리한가. 물론 자녀가 요구하는 바에 대해서도 귀를 기울여야 한다. 합리적인 요구라면 들어주어야 할 것이고, 당장 실행에 옮기기 어렵다면 가까운 장래에 들어줄 것을 약속할 수도 있다. 이때 약속한 것은 반드시 지키도록 노력해야 한다. 아이들은 부모가 약속을 지키지 않아서 실망하기보다는 부모가 약속을 잊어버리거나 지키려는 노력을 게을리하기 때문에 실망한다.

보여주지 않으면 상대방은 영영 모르는 채 짝사랑에 그치고 마는 것은 부모와 자녀 사이에서도 마찬가지다.


청소년기는 자아 분화를 하는 시기로 상당한 자율권을 획득해야 하는 시간이다. 부모가 아이의 자율권을 얼마나 인정해야 하는지를 공식화할 수는 없다. 하지만 대략 아이가 대학을 졸업하는 24세를 독립의 날로 가정할 때, 12세에 50퍼센트 정도의 자율권을 인정하고, 매년 4퍼센트씩 더 부여해주면 연착륙이 가능하다. 이 경우 24세가 되어 98퍼센트의 자율권을 갖게 된 자녀는 스스로 자기 인생의 주인공 겸 연출자로의 역량도 함께 가지게 될 것이다.

"대학에 합격하면 그때는 네 마음대로 해도 좋다."

이는 풍선 꼭지를 꽉 틀어쥐고 있다가 대학 합격의 날에 탁 놓겠다는 뜻인데, 과연 부모가 그 약속을 지킬 수 있을지 혹은 약속을 지킨다고 해도 하루아침에 100퍼센트의 자율권을 부여받은 자녀가 어떤 모습을 보여줄지 자못 궁금하다.

# 점점 작아지는 부모

10대 후반에 이른 아이들은 부모를 자신과 분리된 별개의 객체로 놓고 객관적 시각으로 냉정하게 비판하는 경우가 많다. 그런데 청소년들의 심리적 특징은 이상주의적이어서 그들 눈에 비친 불완전한 부모는 실망의 대상이 되기 쉽다. 특히 부모의 인격적 결함에 실망한 자녀들은 부모의 예속에서 벗어나려는 강렬한 욕구를 가지게 된다.

"어렸을 때는 실망한 적이 없다. 그러나 최근에는 자랑스럽게만 여겼던 부모님의 모습에서 여러 단점이 보이기 시작했고 차차 실망하게 되는 것 같다." (Y고등학교 1학년)

"우리 부모는 완벽한 사람인 줄로만 알았다. 그런데 그게 아
니란 걸 알고…." (K고등학교 1학년)

이런 유형의 실망은 어릴 때 마냥 크고 넓어 보였던 아버지의
어깨가 시나브로 좁게 느껴지는 것처럼, 정상적인 성장 발달을
하는 자녀라면 누구나 한 번쯤 겪게 된다. 이는 인간에 대한 이해
의 폭이 그만큼 넓어졌다는 것을 의미하는 것으로, 오히려 실망
경험이 부모와 자녀 사이의 친밀감을 높여주는 계기가 될 수도
있다. '내 부모도 나와 다르지 않구나. 나처럼 실수도 하고, 고민
도 많고, 겁도 많구나. 그럼에도 불구하고 지금까지 떳떳한 부모
가 되려고 열심히 사셨으니 감사하다. 나도 열심히 살아야겠다.'
그러나 실망감이 매우 깊은 경우는 회복 불가능한 단계로 관
계를 악화시킬 수도 있다.

"나는 부모님이 늘 도적적인 사람이라고 믿었는데, 내가 자
라면서 부모님이 가진 욕심과 이기주의를 발견한 순간 어처구
니없이 믿음이 깨져버렸다." (D고등학교 2학년)

"중학교 시절, 점점 부모님의 실체를 알게 되면서 굉장히 괴
로웠다. 부모님의 불완전함을 몰랐던 어린 시절이 그립다." (M
여자고등학교 3학년)

아이의 믿음이 어처구니없이 깨지게 된 것은 부모가 소탈한 모습을 보이지 않고 도덕군자인 체하거나 완벽한 인간인 양 살아온 탓이다. 어떤 학생은 아버지가 다른 사람들을 늘 깔보고 비웃었던 탓에 세상 사람들은 다 못났고, 자기 아버지만 대단한 줄 여겼다고 실소하기도 했다.

"부모님이 너무 <u>불쌍해서</u> 실망했다." (M여자고등학교 3학년)

"매일매일이 실망의 연속이다." (G고등학교 3학년)

이런 종류의 실망감은 부모에 대한 기대감이 현저하게 떨어져 깊은 좌절감을 드러내는 경우이다. M여자고등학교 3학년생은 '불쌍해서'라는 단어에 밑줄을 그어놓았는데 '형편없이 한심스럽다. 경멸한다'는 속뜻을 함축적으로 표현한 것이다. 위의 사례는 일상의 깊은 실망이 오랜 기간 서서히 누적되어 나타난 것이므로 관계 회복에 어려움이 많을 것이다.

"엄마는 바보같이 살고, 아빠는 너무 위선적이다." (S여자고등학교 2학년)

"이중적인 모습, 한 입으로 두말하는 모습에 실망한다." (K

여자고등학교 1학년)

“나보고 거짓말하지 않는 사람이 되어야 한다고 하면서 부
모님은 가끔 거짓말하고, 자신이 한 말도 그런 적 없다고 잡아
떼는 경향이 있다.”(K중학교 2학년)

부모는 자신에게 있는 못마땅한 결점이 대물림될까 봐 두렵기
때문에 어느 정도는 자녀에게 이중적인 모습을 보인다. 아이에게
거짓말을 하지 말라고 강조하는 것은 부모 자신의 이중적인 모
습이 자식에게 투사되기 때문이다. 심리학에서는 이를 ‘투사적 동
일시(projective identification)’라고 부른다. 자녀가 거짓말을 할지도
모른다는 추측은 부모 자신의 경험에서 비롯된 것인데, 지레짐작
으로 자녀에게 경고하거나 처벌을 가함으로써 마치 자신의 결점
을 상쇄한 것처럼 여기고 안도감을 얻고자 하는 것이다.

한편 거짓말을 하지 않았는데도 부모가 자꾸만 의심의 눈초리
를 보내면, 오히려 아이는 거짓말을 더할 수도 있다. 일종의 자
학적인 행동으로, 부모가 자신을 믿지 않으니 차라리 정말 거짓
말을 해서 부모에게 만족감을 선물하려는 것이다. 거짓말이 들통
나면 부모는 ‘거봐. 이놈아, 나는 못 속인다. 어림없다’ 하고 기세
등등해져서 한바탕 푸닥거리를 하는 등 악순환의 고리가 계속 이
어지게 된다.

그러나 아이는 철이 들면서 부모가 자신을 닦달한 이유에는 자신의 잘못만 있었던 것이 아니라는 사실을 어렴풋하게나마 이해하기 시작한다. 마침내 부모의 결점과 이중성에 비판의 칼날을 들이대는 날이 온 것이다. 거짓말은 부모가 자녀를 너그럽게 포용하지 않고 부정적인 시각으로 대할 때 더욱 조장되고 키워진다. 그러므로 자녀를 의심하거나 감시하지 말고, 오히려 자율적인 권한을 주는 것이 현명한 양육 태도이다.

"아빠는 자기 말이 틀렸음에도 불구하고 여자가 감히 남자한테 대드냐고 윽박지른다. 그러면서 남자와 여자의 구분이 없으니 너도 사회에 나가서 좋은 직업을 찾아라 하고 말하는 모순은 무슨 경우인지…."(G여자고등학교 2학년)

"교육자라는 가면을 쓰고 겉으로는 잘난 척, 속은 오물보다 더럽다. 차마 입에 담지 못할 말을 써가며 엄마와 나를 비참하게 만든다. 아빠라는 호칭은 정말 어울리지 않는다."(M여자고등학교 3학년)

'가면을 쓴' '표리부동한' '이중적인' '위선자'와 같은 어휘를 동원하여 부모를 평가하는 아이들. 어른은 속여도 아이는 못 속인다고, 아직 오염되지 않은 시각을 가진 아이들은 순수한 것과 불

순한 것을 꿰뚫어 보는 능력에서 오히려 어른들보다 나은 것 같
다. 아이들은 부모가 잘난 척 좀 하지 않았으면 좋겠다고 쓴소리
도 마다하지 않는다.

> "별로 높지도 않은 사회적 지위를 가지고 거들먹거리는 아
> 버지를 경멸한다. 어머니는 그런 아버지에게 머리 숙이고 사는
> 바보 같은 여자…." (M여자고등학교 3학년)

> "학벌을 가지고 사람을 경멸하는 부모가 싫다." (Y고등학교 2
> 학년)

> "우리 부모님은 내 자식만 위하고 남의 자식은 무시한다."
> (Y고등학교 1학년)

돈 좀 있다고, 힘깨나 쓰는 지위에 있다고, 좀 배웠다고 우쭐대
는 모습은 볼썽사납다. 특히 상품 판매원이나 서비스 종사자 들
에게 반말을 쓰면서 상전이나 되는 양 거들먹거리는 사람들은 초
라한 심성의 소유자임을 스스로 광고하는 것이나 다름없다. 자녀
들도 안다. 남을 깔보는 사람은 절대 존경할 만한 인격자가 아니
라는 사실을.
중학교 1학년 도덕 교과서에는 도산 안창호 선생의 가르침이

실려 있다. 우리나라가 강대국이 되기 위해서는 세 가지 자본이 필요한데 경제적 자본, 정신적 자본, 도덕적 자본이 바로 그것이며, 그중에서 가장 중요한 것은 도덕적 자본이므로 우리 국민 모두가 인격 도야에 힘써야 한다고 역설하였다는 내용이다. 이러한 배움을 통해서 아이들은 자신의 부모가 과연 도덕적 인물인지에 대해 관심을 가진다.

"차 좀 쌩쌩 빠르게 몰고 다녀서 카메라에 찍히지 마세요!" (H초등학교 5학년)

"운전하다가 신호 위반에 걸렸는데, 아빠는 내가 아파서 병원에 간다고 거짓말을 해서 실망했다." (S여자중학교 2학년)

"엄마가 공공질서를 어겨서 다른 사람들이 다 쳐다보았을 때." (M여자고등학교 1학년)

"부모님과 같이 도로를 무단 횡단했을 때." (K중학교 2학년)

"아빠가 대마초를 핀다는 사실을 알았을 때 실망했다." (D고등학교 3학년)

공공질서나 법규를 어기는 것 또한 책잡힐 만한 일이다. 어쩌다가 무심결에 일어난 위반이라면 모르겠지만, 상습적이거나 뻔히 알면서도 얌체 짓을 하는 부모에게 아이들은 실망한다. 위반 사실이 적발되었을 때 벌금을 면해보려고 거짓말로 둘러대는 모습은 또 아이들 눈에 어떻게 비치겠는가? 아이들은 사회 정의, 공정한 처사, 의로운 일에 큰 가치를 두는데, 이러한 가치는 부모가 가르치거나 학교에서 배운 것이다.

# 나도 멋진 부모가
# 되고 싶다

"부모님이 가장 멋있고 훌륭한 사람으로 보였던 어릴 때. 무슨 일인지 잘 모르겠지만, 이웃 어른들과 욕하면서 싸우는 모습을 보고 실망했습니다." (K중학교 2학년)

"자세히 기억나지는 않지만 전화로 누군가와 싸우고 계신 것 같았다. 그때 욕이 나와서 나는 귀를 막고 안 들으려고 했다. 난생처음으로 부모님이 욕하는 것을 듣고 놀라기도 했고 실망도 했다." (D고등학교 1학년)

자아 분화가 덜 되어서 정신적 독립 상태에 이르지 못한 어린 아이일수록 부모가 평범한 수준 이하의 못난 모습을 보일 때 마치 자신의 잘못인 양 매우 곤혹스러워한다.

살다 보면 스트레스가 쌓이고 자신도 모르게 욕설이 튀어나올 때가 있기도 하다. 특히 운전을 할 때는 심한 스트레스 상황에 놓이게 되므로 자녀가 동승했다면 더욱 조심해야 한다.

"우리 아빠는 운전대만 잡으면 입이 걸레예요. 쪽팔려 죽겠어요."

많은 아이들이 '아빠는 운전 버릇이 고약해서 민망하다'고 피력했는데, 이것은 그만큼 한국 사회의 피로도가 높다는 반증이 아닌가 싶다.

아이들이 보는 앞에서는 숭늉도 함부로 마시지 말라고 했다. 아빠가 욕하는 모습이 멋있다면 아이들은 욕을 배울 것이고, 그렇지 않다면 아이들은 못난 아버지상을 가슴에 담아둘 것이다.

말을 잘못해서 자녀의 가슴에 못을 박는 경우도 있다.

"할머니께서 돌아가셨는데 엄마가 '잘 죽었다'라고 말했을 때."(M여자고등학교 3학년)

부모가 돌아가셨는데 잘 죽었다고 말했다니, 아마도 돌아가신 분이 오랫동안 노환에 시달렸던 경우가 아닐까 싶다. 혹은 며느

리에게 드라마에나 나올 법한 호된 시집살이의 고통을 안겨준 분
이었을까? 아무튼 아이들은 전후 사정이나 부모의 깊은 속마음
은 짐작하지 못한 채 표면에 드러난 말이나 행동을 그대로 받아
들여 실망하기도 한다. 그러나 '이제 편한 곳으로 잘 돌아가신 거
다'라고 하는 것과 '잘 죽었다'라고 하는 것은 완전히 다른 뜻이
니 말을 가려 해야 한다.

"아버지가 과음 후 타인과 시비가 붙어 싸웠던 일. 엄마도
거기에 휘말려서 모르는 아저씨에게 폭행을 당했다." (G고등학
교 3학년)

"아빠가 원인을 불문하고 상대가 누구든지 남녀노소 가리지
않고 싸우실 때를 보면, 인간에 대한 실망과 수치심 등이 느껴
질 때가 있다." (K고등학교 2학년)

원인을 불문하고 상대가 누구든지 가리지 않고 싸운다는 K고
등학교 학생의 아버지는 성격장애가 있는 듯하다. 일반인을 대상
으로 한 연구 결과 성격장애 보유율은 10~13퍼센트로 추정되
는데, 이는 '편집성' '분열성' '분열형' '연극성' '자기애적' '경계선'
'반사회적' '회피성' '의존성' '강박성'의 열 가지 유형으로 분류된
다. 각각의 증상을 간략히 소개하면 다음과 같다.

'편집성 성격장애'는 다른 사람에게 근거 없는 의심과 불신의 감정을 가지며, 남들의 호의에 대해서도 숨어 있는 모욕이나 위협의 의미를 읽어내는 경향이 있다. 배신당할 것을 늘 염두에 두기 때문에 다른 사람들과 친밀한 관계를 맺기가 어렵다.

'분열성 성격장애'는 인간관계를 서먹해하고, 사회적으로 고립되거나 은둔하려는 경향을 띤다. 혼자서만 하는 작업 활동이나 취미를 선호하며, 따뜻한 관계를 맺는 능력이 결여되어 있다. 또한 유머 감각이 없으며, 냉담하거나 무미건조한 정서를 가지고 있다. 늘 자신의 일에만 몰두하고 주변에서 일어나는 일에 대해서는 별 관심을 가지지 않는다.

'분열형 성격장애'는 은둔적이고, 정서적인 깊이가 얕으며, 사회적 기술이 결여되어 있다는 점에서는 분열성 성격장애와 같다. 그러나 괴상한 생각을 하고, 이상한 단어와 문장을 구사하며, 망상적이고, 곧잘 미신에 사로잡힌다는 점에서 차이가 있다.

'연극성 성격장애'의 일차적 특징은 지나치게 다른 사람들의 주의를 끌려고 하는 것이다. 대인 관계에서 주인공이 되려 하고 희생자처럼 보이려 한다. 허영심이 많고 연극적이며, 지나치게 감상적이거나 과장된 어조로 말하는 경향이 있다. 타인을 교묘하게 조종하고 싶기 때문에 의도대로 되지 않으면 신체적 아픔을 호소하거나 자살 위협 혹은 시도를 하기도 한다.

'자기애적 성격장애'는 자신을 지나치게 중요시하는 인식을 보이는 것이 특징이다. 따라서 자신의 업적과 재능을 과장하며, 자신이 우월하다는 인정을 받고 싶은 욕구가 지나치게 강하고, 거만하다. 무한한 성공, 권력, 아름다움에 대한 환상에 젖어 있는데, 다른 사람의 욕구나 감정에 대한 공감 능력은 떨어진다.

'경계선 성격장애'에 경계선(Borderline)이란 말이 붙게 된 것은 정신증과 비정신증의 경계에 있다는 데에서 유래했다고 알려져 있다. 감정과 행동 또한 경계선을 넘어가듯이 갑자기 홱 돌변하는 특징이 있다. 경계선 성격장애를 가진 사람들의 3분의 2는 여성이다. 이들은 인간관계가 불안정하고, 자기 파괴적인 행동을 통해 타인을 위협하며, 버림받을 것에 대한 두려움을 가지고 있다. 자기가 집착하는 사람에게 강하게 매달리는 의존성과 조종하려는 성향이 강해서, 만남이 제한되거나 이별이 예상되면 칼로 손목을 긋는 식의 극단적인 자기 파괴 행동을 흔히 저지른다. 난잡한 성생활, 싸움, 폭식의 성향을 보이기도 한다.

'반사회적 성격장애'는 사회적 규준에 동조하지 못하고, 참을성이 없으며, 공격적이다. 때로 잔인하고 가학적이며 폭력적인 행동을 취하기도 하는데, 자신의 잘못에 대해 불안감을 거의 느끼지 않으며 죄책감을 토로하지도 않는다. 자신에게서 발견되는 나쁜 점을 다른 사람의 결함 탓이라고 해석하며, 무모한 행동을 하여도 결과를 중요하게 여기지 않는다. 반사회적 성격장애가 중증인 경우는 '사이코패스(psychopath, 정신병질자)' '소시오패스

(sociopath, 사회병질자)'로 구분하기도 하는데, 선천적 뇌의 이상으로 죄의식을 느끼지 못하는 유형을 사이코패스라 부르며, 정상인으로 태어났으나 성장 과정의 결핍과 학대 등으로 인해 죄인 줄 알면서도 범죄를 저지르는 유형을 소시오패스라고 한다.

'회피성 성격장애'의 경우 낮은 자존감, 부정적인 평가에 대한 두려움, 만성적인 회피 행동이 나타나며, 대개 친구가 없고 누구와도 친밀한 관계를 나누지 못한다. 마음속으로는 다른 사람과 관계 맺기를 간절하게 원하지만, 타인과의 애착 관계를 형성하지 못하는 중요한 이유는 거절에 대한 두려움 때문이다. 과잉 경계, 침소봉대, 초조함이 특징이다.

'의존성 성격장애'의 특징은 다른 사람들이 도가 지나칠 정도로 충고해주고 안심시켜주지 않으면 매일의 결정을 내리지 못한다는 것이다. 결혼이나 이사, 출산 등의 중요한 결정마저 다른 사람들이 결정해주도록 허용하거나 요청한다. 상대가 화를 낼까 봐 두려워서 반대 의견을 표현하기 어려워하고, 다른 사람들로부터 보살핌과 지지를 받기 위해 무슨 행동이든 다 하려고 한다. 혼자 남게 될까 봐 늘 두려워한다.

'강박성 성격장애'는 흔히 '살아 있는 기계'로 묘사된다. 딱딱하고 공식적이고 지나치게 진지하다. 양심적이고 윤리적인 문제에 있어서 융통성이 없고 극단적인 완벽주의를 추구한다. 규칙과 질서에 초점을 맞추며, 무엇이든 제자리에 있지 않으면 마음이 불편하다. 강박성 성격장애는 뜻밖에도 우유부단한 것이 특징인데, 자신이 틀릴 수도 있기 때문에 결정하는 것을 어려워한다. 이 유형의 즐거움은 일을 계획하는 것에 있지, 완성하는 데 있지 않다.

　대부분의 성격장애는 진단부터가 쉽지 않다. 성격장애로 인해 발생하는 문제가 뚜렷하지 않거나 혹은 치명적이지 않기 때문에 발견을 못 하기도 하지만, 가장 큰 이유는 성격장애를 가진 사람 스스로 별문제가 없다고 생각하기 때문이다. 대신 성격장애를 가진 사람의 가족이나 주변 사람들이 피곤하다. 설령 성격장애인 것으로 진단받더라도 당사자는 매우 불쾌해할 뿐 치료를 받으려는 의지가 없는 경우도 많다. 성격 치료를 받자니 그동안 살아온 인생의 가치가 볼품없어질까 두렵기 때문이다. 설령 성격장애를 가진 당사자가 자기 성격에 문제가 있는 것으로 인정하더라도, 어떻게 개선해야 좋을지를 잘 모르기 때문에 전문가의 체계적인 도움이 없으면 치료도 쉽지 않다.

　정도의 차이일 뿐 스트레스에 시달리고 있는 현대인은 누구나 좋지 않은 경험을 자주 할 경우 또는 의지가 약해질 경우 얼마든지 성격장애에 빠질 가능성이 있다. 때문에 항상 자신을 통찰하고 도야하는 일은 평생의 과업이 아닐 수 없다. 어린 자녀들은 부모의 잘못된 성격에 대해 말이나 행동으로 반응한다. "아빠는 욕심쟁이야, 엄마는 변덕쟁이야, 이랬다저랬다 알 수가 없어"라고 말할 때, 철딱서니 없는 아이의 투정이라고 무시하지 말아야 한다. 아이는 부모를 비추는 거울이다.

"아버지는 저와 한 약속을 하나도 지키지 않습니다. 맨 처음 한 약속은 6학년 때였는데, 아버지는 막말로 백수 생활을 하였습니다. 가족 모두가 힘들어할 때 저는 진지하게 아버지께 일자리에 관해 이야기를 하였습니다. 아버지는 이틀 뒤 직업을 구했습니다. 그러나 일주일 만에 적성에 안 맞는다는 이유로 일을 그만두고 술만 마시며 백수 생활을 계속하는 것이었습니다. 정말 그때는 실망하였고, 이제는 아버지에 대한 모든 것을 포기하였습니다." (G고등학교 2학년)

"아빠가 만날 술 먹고 들어와서 주정 부리는 바람에 엄마가 참다못해 집을 나갔을 때. 아빠가 한심하고 실망스럽고 증오스러웠다." (B중학교 3학년)

"몸을 가누지 못할 정도로 취한 상태에서 약한 모습을 보일 때 정말 가슴이 아프고 실망도 했습니다. 항상 커 보이기만 하던 부모님이 작게 보이던 순간이었습니다." (S여자중학교 3학년)

"어머니께서 술을 드시고 길거리에 주저앉아 계속 우셨다.

그 모습이 너무 안쓰러워서 내 눈에서도 눈물이 흘러내렸다.”

(K고등학교 1학년)


　부모가 비관하여 무너지는 모습을 보일 때처럼 자녀들이 슬프고 불안할 때도 없을 것이다. 비관적이고 무절제한 부모들은 아이들의 눈에 술에 찌든 모습으로 묘사되는 경우가 많았다. 또 아이들의 분통 터진 목소리가 웅변하듯이 아이들은 노력하지 않는 모습, 좌절하며 무기력한 모습을 보이는 부모를 원망하고 있다. 부모는 아이에 대한 책임 때문에라도 좌절해서는 안 된다. 세상의 종말이 와도 아이들을 위해 내 살을 베어 줄 수 있어야 진정한 부모가 아닐까.


　　“귀가 얇아 어디서 이상한 유혹을 받고 와서는 집에 와서 큰
　　소리만 뻥뻥 쳐서 실망했다.” (K고등학교 3학년)


　　“내가 어렸을 때부터 시작한 아버지의 노름. 항상 기다리라
　　는 말만 되풀이하고 10년도 훨씬 지난 지금까지 변함이 없다.
　　열심히 일하는 어머니가 불쌍하게 느껴진다. 아버지가 술을 마
　　시면 집안이 풍비박산된다.” (G고등학교 3학년)


　경제가 어려워서 모두들 살기 어렵다고 야단이다. 그러나 돌이

켜 보면 언제 우리 주머니 사정이 넉넉한 적이 있었던가? 생물은 결핍 동기로 움직이기 때문에 노동자의 주머니가 터질 정도로 부푸는 세상은 오지 않는다. 필자는 어릴 적에 '하꼬방'이라고 불리는 무허가 판잣집에 8년간 살면서, 해머와 곡괭이로 두들겨 부숴 집이 폭삭 주저앉는 모습을 일곱 차례나 지켜봐야 했다. 그러나 그때마다 새롭게 일어서는 부모님을 보면서 무척이나 감사했던 기억이 또렷하다. 물려받은 것이 가난뿐이라 할지라도, 성실하게 노력하며 웃음을 잃지 않고 산다면 아이들은 반드시 부모가 기대한 것 이상의 보람과 기쁨을 선사할 것이다.

# 내 아이를 바라는 대로 키우는
# 부모 연습 1

'연령에 따른 실망의 사건 통계'는 3차 설문 조사(남녀 고등학생 250명 표본조사)에서 얻은 자료를 기초로 작성한 것이다.

## 3~4세: 격리되거나 방치될 때 실망한다

대부분의 사람들은 3~4세 이전의 일을 기억하지 못한다. 그러나 격렬한 부부 싸움 장면이나 동생에게 사랑을 빼앗긴 일 등 일부의 경험은 뚜렷한 기억으로 남기도 하는 것 같다. 학생들의 진술에 의하면 부모와 격리되었던 일이나, 아무도 없이 혼자 방치되었던 일을 잊지 못하는 경우가 많았다.

"아주 어렸을 때 난 시골에서 태어났고 위에 언니, 오빠가 있었다. 시골에서 할머니와 네 살까지 살았다. 엄마, 아빠 없이…. 세 살 때 부모님이 와서 언니, 오빠를 서울로 데려가는데 나만 빼놓고 차에 탔다. 울면서 나도 데려가라고 했지만 따라가지 못하고 떠나는 차 꽁무니만 보면서 목청이 터져라 울었다. 몇 년이 지난 뒤 부모님이 찾아왔을 땐 난 너무 지저분한 선머슴 같았다. 엄마, 아빠가 너무 서먹했던 기억이 난다. 그때 처음으로 엄마, 아빠가 미웠다." (M여자고등학교 3학년)

"나에 대해 자각할 수 없는 2~4세 정도로 생각된다. 그땐 우리 집이 가난해서 동생이 태어나자 난 이모 집에서 컸다. 거기에서 난 매 맞은 기억밖에 없다. 그래서 지금도 큰 이모네 누나, 형 들을 보면 상대하고 싶지 않다. 그들의 자식도 싫어진다. 물론 집이 가난해서 그랬으니 어쩔 수 없지 않은가. 운명이라 받아들일 수밖에." (D고등학교 2학년)

"내가 네 살 때 일이다. 그때 고모가 부산에 살고 있어서 할머니를 따라 내려갔는데, 한 달 동안 나에게 공부만 시켰고 부

모님도 못 보고 지냈다. 그 후로 나는 공부를 엄청 싫어하게 되었다." (G고등학교 1학년)

"내 생애 가장 슬펐던 시기로 기억한다. 아버지가 아프셔서 병원에 계셨는데, 엄마는 오빠와 날 모두 돌보는 일이 힘이 부치셨는지 나만 홀로 시골 할머니 댁에 맡겼다. 6개월 정도를 보냈는데 그곳은 친구도 없고 거의 홀로 지내야 했으므로 밤마다 골방에 들어가 제발 가족이 있는 곳으로 보내달라고 울면서 하느님께 기도했던 기억이 난다." (M여자고등학교 3학년)

어린아이는 양육자 특히 어머니에 대하여 애착을 형성한다. 이 시기에 부모와 격리되어 있는 상황은 강한 불안을 조장한다. 형편상 아이가 어쩔 수 없이 부모와 떨어져 지내야 한다면 양육을 맡은 이가 각별히 유의하여 아이와의 관계가 돈독해지도록 노력해야 한다.

할로(Elizabeth Harlow)의 원숭이 관찰 실험(1958년)은 양육자와의 부드러운 신체 접촉(접촉 위안)이 아이의 성장 발달에 얼마나 중요한 영향을 끼치는지 시사해준다.

인간과 매우 유사한 북인도산 원숭이들을 칸막이로 분리된 우리 두 곳에 나누어 집어넣고, 한 곳에는 철사 그물로 만든 엄마 형상을, 다른 한 곳에는 부드러운 헝겊으로 만든 엄마 형상을 넣어줬다. 원숭이들은 각각의 엄마 형상에 매달린 우유병을 통해 우유를 먹었는데 상당히 흥미로운 차이를 보였다. 철사 엄마의 조건하에 있는 원숭이들은 헝겊 엄마의 조건하에 있는 원숭이들에 비해 우유를 잘 소화하지 못하고 빈번히 설사했던 것이다. 이는 부드러운 촉감을 가진 엄마와 접촉[8]하지 못하면 심리적으로 긴장 상태에 있게 됨을 의미한다.

이렇게 여러 날을 적응하게 한 뒤에 두 집단을 갈라놓고 있는 칸막이를 치우자 모든 새끼 원숭이들은 부드러운 헝겊 엄마와 거의 매일 시간을 보냈다. 철사 엄마로부터 수유를 받았던 원숭이들도 우유를 먹을 때만 철사 엄마에게 갔다가 이내 헝겊 엄마에게 달려가 매달렸다. 공포감을 조성하면 원숭이들은 곧장 헝겊 엄마에게 달려가 몸을 문지르고 어루만져 안정을 찾으려고 하였는데, 헝겊 엄마를 치워버리자 새끼 원숭이들은 안절부절 손가락을 빨거나 울부짖는 등 이상행동을 보였다. 반면 철사 엄마는 있으나마나 새끼들에게 별 안정감을 주지 못하는 것으로 나타났다. 또한 어려서부터 어미 원숭이와 떨어져 혼자 자란 원숭이는 다른 원숭이들과 섞였을 때 혼자 웅크리고 있거나 자기 손을 물어뜯는 자학 행동을 하였으며, 이러한 부적응 행동은 또래 관계

---

8　　이 실험은 '접촉의 부드러운 정도'를 조작 변인으로 설정하여 수행한 실험이지만, 헝겊 엄마와 철사 엄마는 냄새(이 실험에서는 원숭이 자신들의 체취)의 보존력과 발향에서도 차이가 있을 수 있다. 따라서 냄새가 중요한 변인으로 작용했을 가능성도 없지 않다.

형성이나 성 행동에서도 비정상적인 것으로 나타났다. 대리엄마 조차 없이 완전 고립된 우리에서 자란 원숭이는 사회성이 위축되고 짝짓기에도 실패했던 것이다.

할로의 연구가 시사하듯이 어린아이의 정상적인 성장 발달에는 어머니의 접촉 위안이 매우 중요하다. 접촉 위안의 부족은 아이의 정상적 성장에 지장을 초래하고, 성격 형성이나 지능 발달에도 부정적인 영향을 줄 수 있다. 부드럽게 안아주고 토닥이고 어루만져 주는 어머니의 신체 접촉은 아이의 성장에 반드시 필요하다.

# 5~7세: 편애에 관한 1차 실망 시기로 요구를 무시당할 때 실망한다

## • 가. 요구를 무시당할 때

5세 이후 아이들은 물건 소유에 대한 욕구가 급증하는데, 다른 아이들이 가지고 있는 것을 자신은 소유하지 못했을 때 부러워하며 의기소침해진다. 남아들은 대부분 장난감이나 게임기를, 여아들은 인형이나 예쁜 옷 또는 반려동물을 소유하고 싶은 경우가 많았다.

설문 조사 대상자 중에는 기르던 애완견을 부모가 몰래 버리거나 팔아버렸을 때 몹시 실망했던 아이들이 여럿 있었고, 기르던 개를 잡아먹어서 너무 슬펐다고 기록한 학생도 있었다.

초등학교 입학 후에는 장난감에 대한 관심이 줄어드는 대신 컴퓨터, 휴대전화에 대한 소유욕이 커지고, 반려동물 기르기나 친구와 여행하기 등 취미 활동에 대한 욕구가 커지는데, 부모가 이를 허용하지 않을 때 실망이 큰 것으로 나타났다.

앞 장에서 전술하였듯이 아이들은 부모의 애정을 확인하고 싶어질 때 요구가 많아진다. 필요 이상으로 떼를 쓰며 무리한 요구를 하는 아이의 부모는 대개 무표정하거나 평소 자상한 대화를 기피하는 경향이 있다. 떼쓰는 아이를 보면서 귀찮은 표정을 짓고, 한숨을 내쉬고, 모른 척 내버려 두는 식의 부모 행동은 아이들의 떼쓰기를 멈추는 데 별 효과가 없다. "그만! 뚝! 못써!"와 같은 단순한 명령조의 말투 역시 별반 다르지 않다.

웃는 얼굴로 아이의 손을 잡고 자상하게 대화하는 엄마 앞에서 막무가내로 떼쓰는 아이는 별로 없다. '아이가 떼를 쓰니 부모가 인상을 쓰게 되는 것'이 아니라 '부모가 인상을 찌푸리고 자상하게 대화하지 않으니까 아이가 떼를 쓰게 되는 것'이다.

### • 나. 편애를 경험할 때

부모가 형이나 아우를 더 사랑하고 자신에게는 관심을 별로 두지 않는다고 느끼며 질투하고 실망하는 시기는 5~7세 무렵과 초등학교 4~6학년의 두 시기에 집중되는 것으로 나타났다.

그 사이에 끼어 있는 초등학교 1~3학년 시기는 자녀가 학교에 적응을 잘하는지 부모가 관심을 많이 가지는 시기이기 때문에 편애에 대한 실망 사례가 적은 것으로 추측된다.

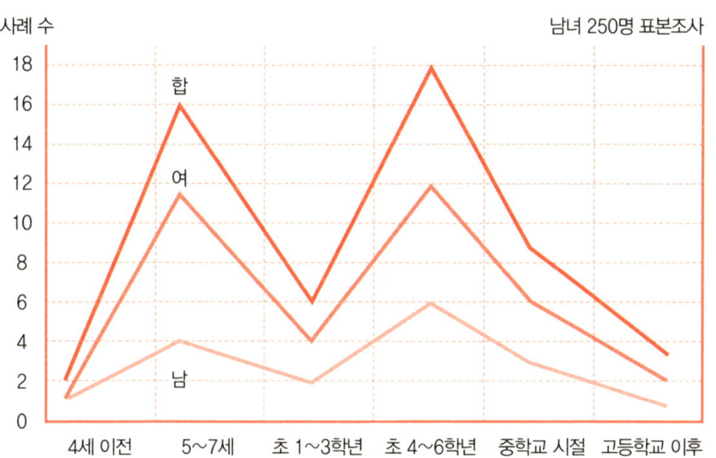


한편 편애에 대한 실망 사례는 여아가 남아의 2.6배, 특히 5~7세 무렵에는 두 배 이상인 것으로 나타났는데, 이는 부모들의 남아선호사상과 무관하지 않을 것이다.

"어떤 일이든지 오빠가 1순위 내가 2순위로, 오빠만 편애한

다는 기분이 들 때 괴로웠다. 그리고 비교할 때도 역시.”(M여
자고등학교 3학년)


“설날이나 명절 때 시골에 내려가면 할머니나 친척들의 관심
이 남동생한테만 쏠려 있는 것 같았습니다. 그럴 때마다 우리
부모님은 맞장구를 치시며, 돈 줄 때도 동생을 많이 주고, 동생
이 하자는 건 다 들어줍니다. 여러 가지 면에서 우리 부모님은
자식을 제 남동생 하나만 둔 것 같습니다.”(M여자중학교 3학년)


남성우월주의나 남아선호사상은 버려야 할 인습이다.

과거에는 딸을 낳으면 여러모로 손해가 막심했다. 기껏 키워
서 남의 집에 평생 시집살이를 보내야 했으니 말이다. 여자가 시
부모와 남편을 위해 평생 봉사하고 희생하는 것을 당연한 것으
로 여기던 인습 탓에, 딸 가진 부모는 마음고생만 따로 한 짐이었
다. 아들이 많은 집은 농사를 짓는 데에도 유리하고, 장가들면 여
자 일꾼 하나가 덤으로 생기니 남는 장사라고 여겼으리라. 남아
선호를 부추기는 데에는 유교적 관습이나 대물림사상이 큰 작용
을 했을 수도 있겠다. 딸을 낳았다는 소식을 전해 들은 아버지가
아이의 얼굴도 보지 않고 술집으로 직행했다는 이야기는 지금도
심심찮게 들을 수 있다.

그러나 이제는 시대가 달라지고 있다. 바야흐로 지식정보화 사

회가 도래하면서 여성들의 힘이 머지않은 장래에 여성우월 사회를 구축하는 일도 불가능해 보이지 않는다. 부모들의 자녀 선호도 조사[9]에서도 아들보다 딸을 원하는 비율이 더 늘어났다.

남성우월 시대이든 여성우월 시대이든 이해타산에 따라 자녀에게 주는 사랑의 크기가 달라진다면 부모로서 자격 미달일 것이다. 덕 보자고 자식을 낳는 것인가? 아이는 아이로서 성별에 대한 편견 없이 사랑받아야 하는 존재이다.

## 초등 1~3학년: 심하게 야단치는 무서운 부모가 싫다

매를 맞거나 심한 꾸지람을 들어서 서러웠던 경험은 초등학교 저학년(1~3학년) 때가 가장 많았다. 표본조사 대상 학생 250명이 보고한 체벌 경험 사례는 총 86건이었는데, 흥미로운 사실은 '집에서 쫓겨난 9건(10.5퍼센트)의 사례'가 모두 이 시기에 해당한다는 것이었다. 개중에는 '옷을 발가벗겨서 쫓아냈다(3건)' '비 오는 날 쫓아냈다(1건)' '광에 가두었다(1건)' 등의 심한 아동학대도 포함되어 있다.

9    한국인의 의식 · 가치관 조사, 문화체육관광부, 2013.

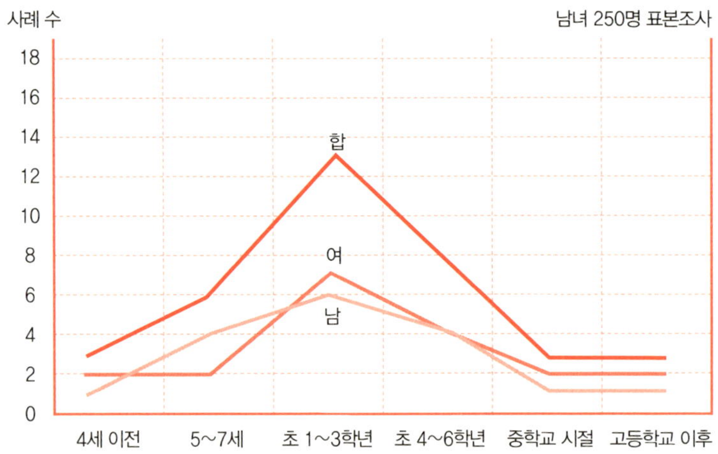



"조금만 잘못해도 말로 하는 법이 없으셨다. 예를 들어 컵의 물을 쏟거나 할 때 바로 손이 올라가고 무지 맞았다. 엄마, 아빠가 진짜 무서웠다." (M여자고등학교 3학년)

"아빠가 마당에 그네를 만들어주면서 망치 같은 것으로 나무를 마구 때려서, '아빠 미쳤어요?'라고 말했다가 친구 앞에서 막대기로 종아리를 맞았다. 친구도 함께 울었는데 친구 보는 데에서 혼나면 정말 서럽다." (M여자고등학교 3학년)

"부모님 말을 안 듣는다고 '개가 고추 따 먹게 하겠다'고 겁

을 주면서 옷을 벗긴 채 집 밖으로 쫓아냈다." (K고등학교 2학
년)

어른이 아이를 회초리로 때리거나 벌을 세우는 행위를 흔히 '체
벌'이라고 하지만, 위 사례의 처벌은 심한 아동학대에 해당한다.

아동학대의 후유증은 신체적 상해뿐만 아니라 성장 지연, 중추
신경계장애, 충동성, 언어 발달장애, 불안장애, 공황장애, 품행장
애 등 다양한 장애를 유발하며, 공격적·파괴적 행동이나 비행을
일으킬 가능성이 높은 것으로 보고되고 있다. 또한 자존감의 손
상이나 우울증, 집중력장애, 자학적 행동, 자살 기도 등 심리적·
정서적인 후유증도 유발한다.

아동을 심하게 학대하는 부모는 충동적이며 자제력이 없고, 자
기 비하와 같은 성격적 결함을 가진 경우가 많으며, 알코올중독
자이거나 정신질환자인 경우도 있다.

가정 내에서의 아동학대는 은폐되어 있기 때문에 무엇보다 이
웃이나 친척, 교사, 병원 의사와 같은 주변인의 관심과 주의 깊
은 관찰이 필요하다. 유치원이나 학교에 지각이나 결석이 잦고,
너무 일찍 또는 너무 늦게 귀가하는 아동, 극도로 수치심을 느끼
거나 지나치게 순종적인 아동, 항상 피곤해하며 집중하지 못하
는 아동 등은 아동학대가 의심되는 경우이다. 병원에서는 아이의
상처에 대한 부모의 설명이 모순되거나 거짓인 경우 또는 설명을

회피하는 경우, 자녀의 입원이나 치료를 거부하거나 담당 의사를
고의적으로 자주 바꾸는 경우, 의사가 병실에 들어오는 것을 환
영하지 않거나 의사와의 접촉을 기피하는 경우에 아동학대가 의
심된다. 아동복지법 제26조에는 누구든지 아동학대를 알게 되거
나 의심되는 경우에 아동보호전문기관 또는 수사기관에 신고할
수 있도록 하고 있으며, 아동 관련 기관에 종사하는 종사자는 보
건복지부령이 정하는 바에 따라 즉시 아동보호전문기관 또는 수
사기관에 신고하여야 한다고 신고의무제를 정하고 있다.

## 초등 4~6학년: 편애에 관한 2차 실망 시기로 부부 싸움에 대한 실망이 늘어난다

### • 가. 편애

초등학교 입학 전인 5~7세 때가 편애에 대한 1차 실망 시기라
면, 4~6학년은 편애에 대한 2차 실망 시기라고 하겠다(p. 217의
'편애에 대한 실망' 그래프 참조). 어릴 때보다 성숙해진 아이들은 보
다 구체적인 이유를 들어 자신이 편애의 희생양임을 주장한다.

초등학교 고학년이 되면 아이는 학교생활에 익숙해져 일일이
챙겨주지 않아도 가정과 학교에서 별 탈 없이 생활할 수 있으므
로 저학년 때에 비해 부모의 관심이 줄어든다. 그러나 손위에 상

급학교 진학을 앞둔 형이 있거나 손아래에 보다 많은 돌봄이 필요한 동생이 있어서 부모의 관심이 다른 형제에게로 쏠리게 경우라면 아이는 섭섭한 감정을 느끼게 된다. 부모의 관심이 예전 같지 않다고 느끼는 아이는 부모로부터 받는 대우에 대해서 형제들과 비교하게 되는데, 특히 '원하는 물건을 사 주지 않았을 때'와 '형이나 동생과 다퉜는데 자기만 더 야단맞을 때'에 가장 많이 실망하는 것으로 나타났다.

"아빠가 나를 믿지 않고 누나와 차별하였다. 나는 열심히 한다고 생각했는데 아빠한테 늘 혼났다." (K고등학교 2학년)

"어릴 때부터 동생과 싸울 때마다 잘못이 없다고 생각하는 나에게까지 혼을 내셨다. 맞기도 많이 맞았지만 참고 또 참았다. 참고 또 참으니까 겉으로는 이해심 있고 차분한 성격이 나타났다. 하지만 내 몸 어딘가에서 일어나는 또 다른 성격이 생겼다. 마치 암 같은…. 동생도 나를 무시하고 부모도 날 무시하니까 내 성격은 점점 이중적이 되어갔다." (K고등학교 2학년)

"오빠한테는 별로 화를 안 내면서 나한테는 만날 화를 내셨다. 공부가 어렵다는 걸 부모님도 아시면서 내가 공부 못해도 아무 말 안 했으면 좋겠다. 아빠가 저번에 심한 말을 해서 충

격 먹었다." (B중학교 3학년)

정신분석학자 에릭슨(Eric Erickson)에 의하면 초등학교 시절은 '근면감'이 발달하는 시기인데, 그와 더불어 열등감이나 무력감도 이 시기에 형성되기 쉽다고 한다. 또래 혹은 형제와 비교하여 자신의 능력이나 지위가 열등하다고 느끼는 아이는 학업 추구에 대한 용기를 잃게 된다. 성취동기가 약화되면 과업 수행 능력이 떨어질 수밖에 없다. 이때 '나는 원래 무능력하다'는 생각이 고착되면 아이의 잠재 가능성이 위축되고 자아 정체감 발달도 순조로울 수 없다. 따라서 이 시기에 부모가 해야 할 중요한 역할은 아이가 위축되지 않도록 격려하고 용기를 북돋워 주는 일이다. 자신감이 떨어지고 위축될 때 부모가 한술 더 떠서 비난하고 야단친다면, 아이는 점점 더 자신감을 잃고 결국 열등감의 노예가 되어버릴 수도 있다.

### • 나. 부부 싸움

서울시 소방방재본부가 부부 싸움과 관련된 119 구조대 출동 건수 1,200여 건에 대해 분석한 결과, 30대가 440여 건, 40대가 410여 건, 50대는 180여 건, 20대는 130여 건 순으로 집계되었다고 발표한 바 있다.

표본조사에서도 아이가 초등학교 4~6학년 시절 부부 싸움이 가장 많았던 것으로 나타났는데, 이는 40대 전후가 경제적인 문제, 자녀교육 문제 등으로 인해 스트레스를 많이 받기 때문일 것이다.

**부부 싸움에 대한 실망**

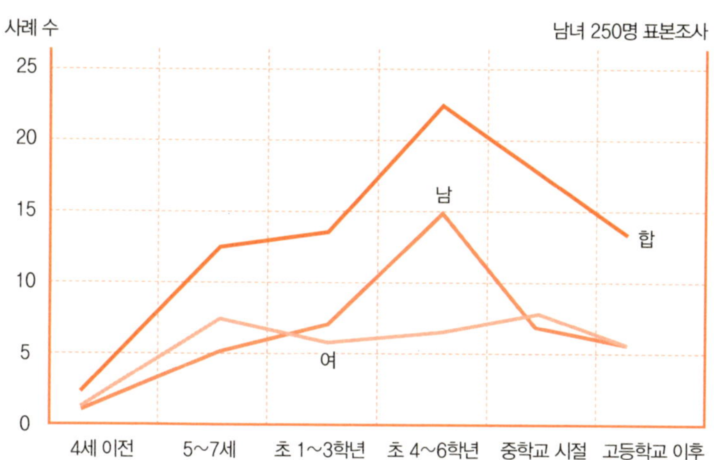


"나는 부모님께서 싸우는 모습을 보고 가장 실망했다. 어쩌면 그 기억은 평생 내 가슴속에 남을 것 같다. 지금은 안 그렇지만 예전에는 아버지 성격이 굉장히 난폭하셨다고 한다. 무슨 일 때문인지는 잘 기억나지 않지만 아버지가 밥상을 엎고 엄마를 때리고 막 욕을 하셨다. 그때 엄마는 밖으로 도망가서 큰고모 집에 가셨는데 내 기억으로는 이혼을 한다고 하셨던 것

같다. 그때 나도 그런 행동을 하는 아빠가 너무 싫어서 차라리 이혼하라고 했던 것 같다. 자식 앞에서 함부로 욕을 하고 엄마를 때린 아빠가 너무 밉고 실망스러웠다." (M여자중학교 3학년)

부부 사이가 원만하지 못한 것은 한 가정의 커다란 우환이 아닐 수 없다. 부부 싸움 자체만으로도 가족 전체가 우울해지는 것은 물론, 그 여파로 인해 무관심한 상태로 방치되거나 때로 화풀이의 대상이 되기도 하는 자녀는 이중고를 겪는 셈이다. 원만한 부부 관계는 화목한 가정을 이루기 위한 전제이자 필수 조건이다. 원만한 부부는 문제가 없는 부부가 아니라 문제를 잘 해결하는 부부이다. 갈등이 있을 때마다 큰소리가 나고 감정을 폭발시키는 부부는 대개 노년기까지 계속 싸우며 사는 경우가 흔하다. 만성적으로 싸움이 잦은 부부는 늘 자신이 손해 보며 살고 있다고 생각하면서 서로의 입장을 잘 이해하려 들지 않는다. 상대방을 칭찬할 줄 모르거나 사랑을 표현하는 방법이 서투르다. 마음에 없는 엉뚱한 소리를 하거나 상대방의 의중을 멋대로 왜곡하여 해석한다. 때로 상대방이 호의를 보이면 무슨 꿍꿍이속인가 의심하고 약점을 잡으려고도 한다. 또한 자신의 잘못이 적다는 것을 주장하기 위해서도 자녀를 자기편에 두어 조종하려 들고 자녀 앞에서 배우자를 헐뜯기도 한다.

아이들은 종종 부부 싸움을 중지시키기 위해서 문제를 일으킨다. 예를 들어 부모가 부부 싸움을 하면 아이가 학교에 등교하지 않고 거리를 배회하는 식이다. 이렇듯 아이가 문제를 일으키면 부부 싸움은 잠시 중단할 수밖에 없다. 결국 아이가 희생양이 되는 것이다.

기능적인 부부 관계를 회복하기 위해서는 가족 상담가의 도움을 받는 것이 좋다. 또 부부 관계에 대해 서로의 경험을 주고받는 집단 상담 활동에 참가하는 것도 도움이 된다. 단, 부부가 함께 참여해야 효과가 있다.


<h2 style="text-align:center;color:#e8502a;">중학교 이후:<br>부모가 자녀를 의심하고 강요하고<br>통제할 때 실망하며, 부모의 인격에 대한<br>실망이 급증한다</h2>


### • 가. 부모가 자녀를 의심할 때

부모가 자녀의 말을 믿지 않거나 핀잔을 주고 구박할 때 자녀들은 부모가 생각하는 것보다 훨씬 더 의기소침해진다. 부정적 평판을 자주 듣는 아이는 자기유능감이 낮아지고, 자신의 못난 점을 고민하여 열등감에 시달리며 우울증에 빠지기도 한다. 또한 비판적 능력이 생긴 아이들은 자신을 불신하는 만큼 부모의 결점에 대해서도 많은 생각을 하게 되고 실망한다. 물체에 힘을 가하면 같은 크기의 반발력이 생기는 작용-반작용의 법칙이 부모-자녀 사이에서도 작용하기 때문이다. 부모의 불신으로 인해서 실망하는 비율은 초등학교 고학년 이후 중학교, 고등학교로 갈수록 증가하는 것으로 나타났다.

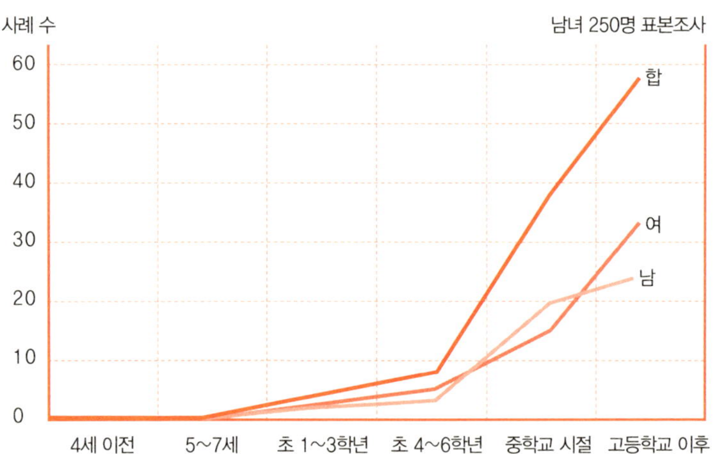


"우리 엄마는 '너는 ~하니까, 너는 ~때문에 꼭 망할 거야'라는 말을 자주 하셔서 말이 씨가 된다는 속담처럼 될까 무섭다." (M여자중학교 3학년)

"장래에 내가 하고 싶은 일에 대해서 부정적인 시각으로만
볼 때 실망한다."(B중학교 3학년)


"최근에 어떤 일을 두고 엄마가 나를 믿지 못한다고 말하면
서 확인 전화를 했던 일이 지금까지 살면서 제일 실망스러웠
다."(M여자중학교 2학년)


"대학, 수능, 미래에 대해 부정적으로 말할 때 죽고 싶은 생
각까지 한다."(M여자고등학교 3학년)


신화 속의 주인공 피그말리온은 키프로스의 왕이자 조각가였
다. 그는 대리석으로 아름다운 여인을 조각하였는데, 갈라테이아
라는 이름을 붙이고는 조각상의 아름다움에 넋이 빠져 결국 상
사병에 걸리고 말았다. 피그말리온을 애처롭게 여긴 미의 여신 아
프로디테가 생명의 숨결을 불어넣자 갈라테이아가 살아 움직이
기 시작했는데, 이를 본 피그말리온은 자리에서 일어나 예전처럼
활기찬 생활로 돌아갔다. 이 신화에서 '피그말리온 효과(Pygmalion
effect)'라는 용어가 유래했다.

피그말리온 효과는 '무엇인가 그렇게 될 것이라고 믿을 때 실
제 그러한 결과로 나타나는 현상'을 말한다. 미국의 심리학자 로
버트 로젠탈(Robert Rosenthal)은 이와 같은 효과가 교사-학생 사

이에서도 나타날 것이라 예측하고, 교실에서 실험을 수행하여 그 결과를 보고한 바 있다.[10] 비슷한 학업 수준의 아이들을 무작위로 뽑아 세 개 반을 구성한 뒤에 각각 '높은 수준의 아이들로 구성된 반' '평범한 수준의 아이들로 구성된 반' '조금 낮은 수준의 아이들로 구성된 반'이라고 담임교사에게 귀띔을 했더니, 수개월 후에 나타난 학업 성취도에서 '높은 수준의 반'이라고 명명했던 아이들의 성적이 가장 높게 나타났던 것이다. 이와 같은 현상은 학교 현장에서 교사들이 흔히 경험하는 일이다.

피그말리온 효과, 로젠탈 효과(Rosenthal effect) 또는 플라시보 효과(Placebo effect)[11]의 핵심은 '순수한 믿음'이다.

'이러면 안 되는데' '저러면 곤란한데'와 같은 의심이나 '이렇게 해야 될 텐데' '그렇게 되면 좋지 않을까?'와 같은 불확실한 기대는 믿음이 아니다. 또한 '꼭 그렇게 될 거야. 아무렴, 그렇고말고' 하고 주문을 외우는 것도 역시 진정한 믿음은 아니다. 의심, 불확실한 기대, 주문 외우기 등은 강박과 불안에서 비롯된 것이기 때문이다.

부모는 자녀의 가능성을 순수하게 믿어야 한다. 어떤 조건도

---

10    Rosenthal, R. & Jacobson, L. "Pygmalion in the classroom", Holt, Rinehart & Winston, 1968.

11    위약 효과. 가짜 약을 진짜 약으로 알고 먹은 환자의 병세가 호전되는 효과를 의미한다.

달지 말고 그냥 순수하게 믿어야 한다.



• **나. 강요와 통제에 대한 실망**

강요와 통제에 대한 실망은 어릴 때부터 꾸준히 증가하여 중학생이 되면 최고조에 이르고 고등학교 시절까지 비슷한 수준으로 유지된다.

강요와 통제에 대한 실망

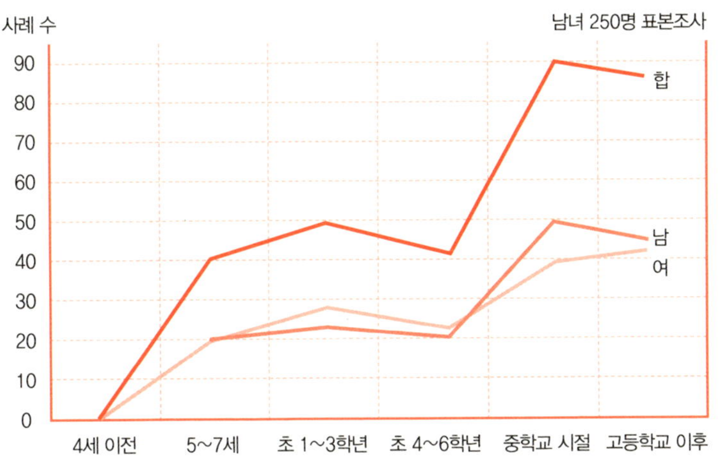


"피아노 개인 교습, 아무리 싫다고 해도 포기 안 하고 시켰다. 학습지도 하기 싫고, 학원 같은 거도 다니기 싫은데 억지로 시켰다. 친구는 누구누구를 사귀라고 일일이 간섭하였다." (M

여자고등학교 3학년)

"부모님은 내가 하는 모든 일을 간섭하신다. 그런데 내 성격이 예민하기 때문에 항상 찡그리며 싸우게 된다. 나는 부모님의 관심에서 벗어나 자유롭고 싶다. 솔직히 말하면 구속받는 느낌이다. 부모님이 보기에는 내가 어려서 간섭하는 것이라고 하시지만, 너무 권위적이다." (M여자중학교 3학년)

"나는 월화수목금 주 5일 동안 학교 수업이 끝나면 곧바로 학원에 가서 네 시부터 여덟 시까지 공부해야 한다. 학원 마치고 집에 오면, 밥 먹고 숙제하고 잠깐 있으면 밤 열한 시 열두 시여서 고달프다. 체육대회 있는 날 엄마 몰래 이틀 연속 학원을 빠졌다가 그것이 들통 나서 죽도록 혼나고 집 나가라고 말해서 많이 실망했다. 내 기분을 알아주지 않는 부모가 원망스럽다." (S여자중학교 2학년)

아이에게 최대한의 자유를 주어야 한다.

'최대한의 자유'이라는 말에는 '완전한 분리가 불가능하다'는 뜻이 내포되어 있다. 부모-자녀는 유착과 의존에서 자유로울 수 없고, 따라서 통제와 보살핌이 필연적으로 뒤따르는 관계이다. 이때 부모가 사용하는 지시, 명령 등은 어린 자녀를 제어하는 데

용이한 도구이지만 일방통행이라는 한계성을 가지기 때문에 결국은 저항에 부딪히고 관계를 훼손하는 도구로 전락한다.

자꾸만 위험한 곳으로 가려 하는 아기 사자의 등덜미를 어미 사자가 지그시 물고는 안전한 곳으로 데려오는 장면을 본 적이 있다. 그와 같은 일이 여러 번 반복되었지만 어미 사자는 화내지 않고 그때마다 아기 사자의 털을 핥아주었다. 털을 핥아주는 행위를 심리학에서는 '긍정적 스트로크(stroke)'라고 한다. 아이에 대한 긍정적 스트로크는 머리를 쓰다듬어주는 것이다. 이처럼 따스함이 느껴지는 보살핌을 통해서 아이는 건강하게 자랄 수 있다.

### • 다. 부모의 인격에 대한 실망

위선, 편견, 허세, 비양심, 폭력성, 완고함, 무능함 등 부모의 인격 결함에 대해서 자녀들이 가장 크게 실망을 느끼는 시절은 중학교 때인 것으로 나타났다. 이 시기는 가장 순수하고 비판적인 시각을 가지기 때문이라고 볼 수 있겠다.

그런데 고등학생이 되면 부모 인격에 대한 실망감은 많이 누그러드는 것으로 나타났다. 저항의 시기를 지나 수용의 시기로 성장하기 때문일까? 고등학생들의 경우에는 어린 시절에 수용하기 어려웠던 부모의 바람직하지 않은 행동을 점차 이해하게 되거나, 부모에 대한 실망이 동정과 연민으로 바뀌기도 한다. 이와 같은 현상을 좋게 말하면 철이 들면서 포용력과 적응성이 높아지는 것이라고 할 수 있고, 나쁘게 말하면 체념하거나 세속과 타협하는 것이라고도 할 수 있겠다.

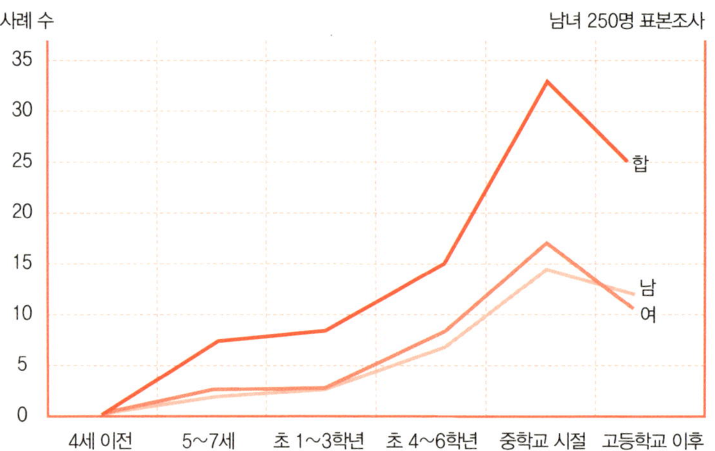


"아버지! 직장 좀 구하세요. 욕 좀 줄이세요. 성격 고쳐주시길. 게으름뱅이보단 열심히 노력하는 분이 되시길…." (B중학교 3학년)

"아버지는 화가 나면 제어를 못 하신다. 술, 담배를 많이 하고 가족들에게 기분 상하는 말을 자주 한다. 요 근래에도 아버지에게 말대꾸를 한 적이 있는데 무슨 기분 나쁜 일이 있었는

지 나를 때렸다. 자신의 감정 제어도 못 하고 손부터 나온 아
버지께 심한 실망감을 느낀다." (B중학교 3학년)


"사람은 기본적으로 화장실에 갈 수 있는 건데, 아버지가 화
장실을 쓰고 싶을 때 내가 화장실에 들어가 있으면 문 밖에서
욕하신다." (B여자중학교 3학년)


"평소 나쁜 인상을 받아서인지 아빠에게는 좋은 점이 없는
것 같다. 아빠가 술을 먹지 않고 일찍 들어왔으면 좋겠고, 또
한 우리보다 엄마에게 더 자상했으면 좋겠고, 엄마를 무시하거
나 때리지 않았으면 좋겠다." (B중학교 3학년)


"아빠는 너무 고집이 세고 남을 배려하지 않으며 자주 험담
한다. 엄마는 건망증이 심하고 쉽게 짜증을 내며 집 안 청소를
잘 안 한다." (M여자중학교 2학년)


"우리 엄마 한번 터지면 폭발하는 O형 다혈질이다. 운전을
하다가 문제가 생겼는데 엄마가 길거리에서 욕지거리를 해대
며 싸웠다. 내가 말려도 길거리에 가는 사람들이 아무도 말리
지 않아서 모두가 미웠다." (K고등학교 2학년)

2013년에 실시한 '한국인의 의식·가치관 조사'에는 '우리 사회가 더 좋은 사회가 되기 위해 필요한 가치는 무엇인가?'라는 질문도 포함되었는데, 이때 1위로 대답한 것이 바로 '타인에 대한 배려'였다. 이는 우리 사회가 그만큼 서로를 배려하지 않으며 자기중심적으로 치열하게 살고 있다는 의미로 볼 수 있다.

배려는 경제적인 넉넉함과는 아무런 상관이 없다. 오히려 그 반대인 경우가 더 많은 것 같다. 이웃 간에 부침개 한 쪽이라도 나누어 먹고, 옆집 마당의 낙엽과 눈을 쓸어주던 인정을 회복하는 것이 자녀들을 건강하게 키우는 길이다.

# 내 아이를 바라는 대로 키우는
# 부모 연습 2

"인생의 각 시기에서 기뻤거나 행복했던 일을 꼽아보세요."

238쪽의 그래프는 남녀 고등학생 250명의 답변을 열 가지 분야로 분류하여 나타낸 것이다.

남녀 학생 공히 첫손가락에 꼽은 행복의 순간은 '성공 경험을 했을 때(남 17.1퍼센트, 여 19.0퍼센트)'이고, '친구와의 교유(남 15.1퍼센트, 여 15.3퍼센트)'가 그 뒤를 이었다.

그런데 남녀 학생의 성향에는 다소 차이가 있었다. 남학생의 답변에서 2위[12]를 차지한 '선물을 받았을 때 행복했다(15.1퍼센트)'

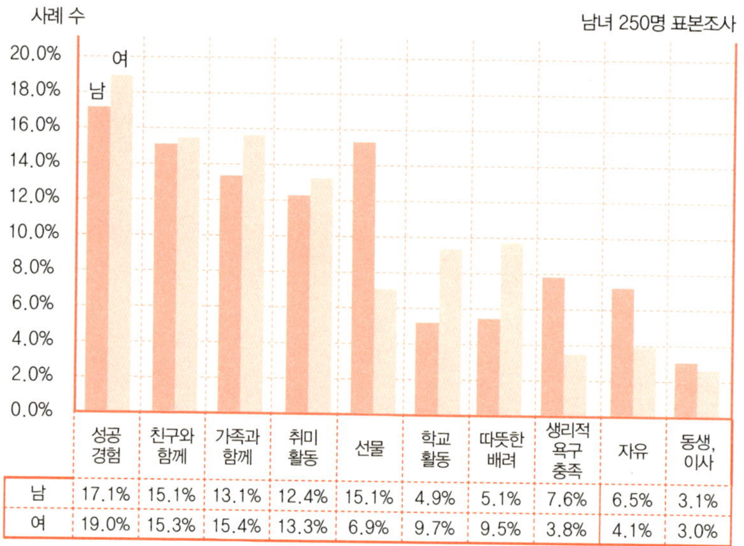



| | 성공경험 | 친구와 함께 | 가족과 함께 | 취미 활동 | 선물 | 학교 활동 | 따뜻한 배려 | 생리적 욕구 충족 | 자유 | 동생, 이사 |
|---|---|---|---|---|---|---|---|---|---|---|
| 남 | 17.1% | 15.1% | 13.1% | 12.4% | 15.1% | 4.9% | 5.1% | 7.6% | 6.5% | 3.1% |
| 여 | 19.0% | 15.3% | 15.4% | 13.3% | 6.9% | 9.7% | 9.5% | 3.8% | 4.1% | 3.0% |

는 여학생의 경우 7위(6.9퍼센트)로 나타났다. 또한 '먹을 것이나 용돈이 풍족할 때 행복했다'는 생리적 욕구 충족(남 7.6퍼센트, 여 3.8퍼센트)이나, '간섭받지 않고 자유로울 때 행복했다'와 같은 통제로부터의 해방감(남 6.5퍼센트, 여 4.1퍼센트)을 행복한 경험으로 진술한 답변도 남학생들에게서 더 많이 나왔다. 반면 여학생들은

12  행복했던 경험 사례 수에서 남학생의 경우 '친구와의 교유'와 '선물을 받았을 때'는 각각 15.1퍼센트로 동률 2위였다.

재미있는 학교 활동(여 9.7퍼센트, 남 4.9퍼센트), '부모의 따뜻한 배려와 신뢰(여 9.5퍼센트, 남 5.1퍼센트)'를 통해 더 행복감을 느꼈던 것으로 나타났다.

'성공 경험'으로 인한 행복감은 성장의 각 시기에 고루 나타났는데, '친구와의 교유'로 인한 행복감은 중·고등학교 시절에, '가족과 함께 했던 행복한 추억(여 15.4퍼센트, 남 13.1퍼센트)'은 주로 5~9세 아동기에 경험한 것으로 나타났다.

### • 행복 1위: 성공 경험

초등학교 시절의 행복했던 경험 사례에는 '상장을 받았을 때' '학급 회장이나 임원으로 선출되었을 때' '운동경기 대표로 뽑히거나 시합에서 이겼을 때' '일을 잘했다고 부모나 선생님께 칭찬을 받았을 때' 등이었다.

중학교 이후에는 주로 시험에 관련된 것으로 자신이 목표한 점수나 석차에 도달했을 때 기쁨을 맛보았다고 응답했는데, 여학생의 경우 '다이어트에 성공했을 때 행복했다'처럼 외모와 관련된 진술도 종종 눈에 띄었다.

부모의 입장에서는 성공 경험이 남녀 공히 행복 경험 1위로 나타났다는 점에 주목할 필요가 있다. 아이가 성취하고자 하는 바를 잘 이해하고, 측면에서 지원하는 것이 중요하다는 점에서 그렇다. 단, 성취 목표를 세우는 데 있어서는 반드시 아이의 자발성이 전제되어야 한다.



**• 행복 2위: 친구와 교유**

"정말 마음에 맞는 친구를 만났습니다."
"속으로 좋아하던 아이와 짝이 되어 정말 기뻤습니다."
"친구들과 어울려 보냈던 때가 가장 행복했습니다."


초등학교 3학년 이전에는 대개 동네 아이들과 자유롭게 어울려 뛰노는 것에서 기쁨을 느끼지만, 4학년 이후에는 좋아했던 이성 친구와 짝이 되거나 한 반에 배정되었던 일을 행복한 추억으로 떠올리는 학생들이 많았다.

중학생이 되면 친구에 대한 관심이 급증하면서 다양한 성향의 친구들과 교류하게 되는데, 이 시기에는 남학생들보다 여학생들이 친구를 사귀고 함께 어울리는 일에 더 열중하는 것으로 보인다. 그러나 대학 입시를 눈앞에 둔 고등학생이 되면, 여학생들의 사교 활동이 감소하면서 남학생들과 엇비슷한 수준이 되는 것으로 나타났다.

동성 친구와 이성 친구로 나누어 살펴보면 약 7 대 3의 비율로 동성 친구에 대한 추억이 더 많다. 그러나 초등학교 4~6학년의 여학생들은 오히려 3 대 7의 비율로 이성 친구에 대한 일화를 더 많이 보고하였는데, 이는 여학생의 사춘기가 남학생보다 더 빨리 시작되는 것과 연관이 있을 것으로 추측한다.

자녀와 친하게 지내는 친구들 이름을 세 명만 대보라는 질문을 받았을 때 당황하지 않고 대답할 수 있는 부모는 그리 많지 않을 것이다. 또한 자녀가 친구 문제로 고민하는 경우에 부모가 도와줄 방법도 마땅한 것이 별로 없다.

부모는 자녀의 또래 관계에 도우미 역할을 해야 한다. 자녀의 친한 친구는 누구이고, 그 친구의 장단점과 매력은 무엇인지, 관계 맺기에 고민은 없는지 등에 대한 관심이 필요한 것이다. 여기서 늘 문제가 되는 것은 '자녀의 친구에 대한 편견'이다.

"우리 애는 원래 그런 애가 아니에요. 친구를 잘못 만나서 그렇게 된 거예요."

상담 장면에서 부모들로부터 흔히 듣는 말이다. 부모가 자녀에게 "친구 때문에 네가 망가졌다"라고 말한다면, 두 가지 경로로 자녀에게 상처를 줄 수 있다. 부모가 자녀의 친구를 상호작용의 관계로 인식하는 경우에는 '수준 낮은 녀석들끼리 사귀고 있다'는 메시지가 되고, 주종 관계로 오해하는 경우에는 '한심하게 줏대도 없이 끌려다니고 있다'는 메시지가 되기 때문이다.

아이가 부모보다 친구들을 더 좋아하는 것은 부모-자녀 사이에 긍정적 스트로크(어루만지기, 쓰다듬기)가 부족하기 때문이다. 물질적 빈곤으로부터 벗어난 한국의 청소년들이 가장 목말라하는 것은 '사랑과 소속의 욕구'이다. 때문에 '부모덕에 잘 먹고 잘 큰

줄 알아라'는 빈곤 시대의 논리로는 아이를 부모 곁에 머물게 할
수 없다.

### • 행복 3위: 가족과 함께

가족 여행을 갔거나 놀이공원에서 즐거운 한때를 보냈던 일,
부모가 기억에 남을 만한 생일잔치를 해주었던 일, 근사한 외식
을 했던 일, 가족과 배드민턴 같은 운동을 했던 일, 아빠 또는 엄
마와 단둘이 여행했던 일, 부모와 함께 약수터에 갔던 일 등을 추
억하는 아이들은 무척 행복해 보였다.

가족과 함께 여행함으로써 즐거웠던 추억은 5~7세 때가 가장
많았고, 그 시기 이후로는 차츰 줄어들어서 중학교 때가 가장 적
었다.

> "여러 가족들과 함께 가는 여행이 가기 싫어서 집에 있겠다
> 고 하였더니 아빠가 막 화를 내서 실망했다." (M여자중학교 2학
> 년)

직장 생활로 바쁜 부모가 시간을 쪼개어 자녀들과의 여행을 계
획하였는데 자녀가 싫다고 하면 화도 날 법하다. 그러나 갈 때마
다 즐거웠던 여행이었다면 아이가 안 가겠다고 할 이유가 있겠는
가. 혹시 여행지에서 부모들끼리만 즐겁고 아이들은 방치해둔 적

은 없었는지, 반대로 교육적 효과에만 집착해서 마치 연수와 같은 일정으로 여행의 참맛과 즐거움을 앗아버리지는 않았는지 생각해볼 일이다.



초등학교 3학년까지는 집 밖에 나가서 아이들과 뛰어노는 것이 주된 취미 활동인데, 활동성이 적은 아이는 혼자 진흙 놀이를 하거나 텔레비전 만화영화를 보는 것이 행복이었다고 말하는 경우도 있었다. 이때까지는 남아들의 활동성이 여아들보다 다소 높게 나타나지만, 4학년 이후부터는 여학생들의 취미 활동이 양적으로 많아지고 다양성 면에서도 앞서는 것으로 나타났다.

취미 활동의 성향은 남녀가 매우 다르게 나타났다. 남학생들은 컴퓨터게임이나 농구, 축구와 같은 운동을 즐기지만 여학생들은 반려동물 키우기, 음악 활동, 미술 활동, 영화 감상, 콘서트 관람, 독서, 팬클럽 활동 등 훨씬 다양한 취미 활동을 즐기고 있었다. 특히 '좋아하는 연예인을 보았을 때 행복했다'는 답변은 여학생에게서만 나왔으며, '반려동물 키우기'를 좋아하는 것도 대부분 여학생이었다.

부모들은 일반적으로 자녀의 취미 활동을 낮게 평가하고 시간 낭비라고 폄하하는 경향이 있다. 취미 활동은 공부에 방해가 된다는 것이 가장 큰 이유일 게다. 그렇지만 건전한 취미 활동은 학

업이나 일로부터 발생하는 스트레스를 줄이고 삶의 에너지를 충
전해준다. 때문에 학업의 능률을 올리기 위해서도 다양한 취미
활동을 권장할 필요가 있다.


### • 행복 5위: 선물

선물은 언제 받아도 즐거운 것이겠지만, 아이들은 5~7세 때를
가장 많이 기억하고 있었다. 그 후로는 선물에 대한 관심이 조금
낮아지지만, 중학교 남학생들은 부모가 새 컴퓨터를 선물했을 때
기쁘고 행복했다고 대답했다. 반면 여학생들은 컴퓨터 선물보다
휴대전화 선물에 대해 더 많이 언급했다.


### • 행복 6위: 학교 활동

유치원에서의 활동, 학교 입학, 수학여행, 동아리 활동, 좋은
선생님을 만나게 된 일, 선생님의 칭찬 등은 학교와 관련된 행복
이다.

5~7세 때 가기 싫은 유치원을 부모가 억지로 보낸 탓에 괴로
웠다고 말하는 아이들도 있었지만, 참 즐겁고 행복했다고 진술한
아이들이 제법 많았다. 특히 재롱잔치나 생일잔치를 잊지 못할
추억으로 간직한 아이들이 많았다.

초등학교 입학 때는 부모와 친지들의 기대와 격려를 한 몸에
받기 때문에 행복 지수가 많이 올라간다. 그 후 여학생들은 비슷

한 비율을 유지하며 학교와 관련된 일로 행복했다고 보고하였으나, 남학생들은 상급학교로 갈수록 학교와 관련된 즐거움이 크게 떨어지는 것으로 나타났다.[13] 아이들의 학교생활이 즐겁지 않다는 것은 백년대계의 사회적 장치가 크게 흔들리고 있다는 것이라, 범국가적인 고민과 해법 마련이 절실하다.


**• 행복 7위: 따뜻한 배려와 신뢰**

"엄마가 업어줄 때 행복했다." (4세)

"엄마가 직접 손뜨개로 옷을 만들어줬을 때를 기억한다." (4세)

"엄마가 동화책을 읽어주었을 때." (5세)

"아빠가 내 그림을 액자에 넣어 거실에 걸어주었을 때 행복했다." (5~7세)

"눈 내리던 날 엄마가 베란다에서 사진을 찍어주었을 때." (5~7세)

"엄마가 잠자리를 잡아주었을 때." (5~7세)

"유치원 행사에 빠짐없이 참석해주신 부모님이 늘 고마웠다." (5~7세)

---

13    학교와 관련하여 행복했던 경험의 비율. 여학생의 경우는 초등학교부터 중학교 때까지 10퍼센트로 유지되고 고등학교에서 5퍼센트로 떨어졌으나, 남학생의 경우는 유치원 4퍼센트, 초등학교 1~3학년 10퍼센트, 초등학교 4~6학년 3퍼센트, 중학교 4퍼센트, 고등학교는 0퍼센트로 사례가 없었다.

"엄마에게 편지 받을 때 참 좋았다."(초등학교 1~3학년)

"엄마가 만들어주신 노란 나비옷을 입고 운동회 무용을 했을 때."(초등학교 1~3학년)

"엄마와 단둘이서 놀이공원 갔을 때."(초등학교 1~3학년)

"아빠가 등 밀어주었을 때."(초등학교 4~6학년)

"엄마와 속 깊은 대화를 나누었을 때 기뻤다."(중학교)

"부모가 나를 믿어주었을 때 행복했다."(중학교)

"엄마가 안아줄 때 행복하다."(고등학교)

"아빠가 학원 앞에서 기다려줄 때."(고등학교)

"잘 자라고 이불 덮어주고 뽀뽀해주고 불 꺼줄 때."(고등학교)

"네가 있어 든든하다. 역시 내 딸이야 하면서 격려할 때."(고등학교)

어리든 성숙하든 자녀를 보듬어 안아주는 일은 부모의 따뜻한 사랑과 정을 듬뿍 느끼게 하는 일이 틀림없다. 그렇지만 이같은 스킨십은 어릴 때부터 친근하게 꾸준히 반복돼온 자연스러운 것이라야 한다. 현재의 부모 세대는 대부분 어렸을 때 포근히 안아주는 양육을 경험하지 못했다. 그래서 부모가 된 지금도 여전히 따뜻한 스킨십의 교육은 서투르기만 하다. 그래서 평소 무관심하던 아빠가 술에 취해 아이와 스킨십을 시도하는 일은 부자연스럽고 부담스러울 수 있다. 이 경우 그저 따뜻한 눈길로 바라보는 편이 훨씬 낫다. 자녀는 부모의 진심을 충분히 느낄 것이다.


### • 행복 8위: 행복이 아닌 행복들

'밥 먹을 때 행복하다' '잠잘 때 행복하다' '용돈 받을 때 행복하다' 등 생리 욕구의 충족을 행복했던 경험이라고 진술한 학생들이 있었다.

'간섭받지 않고 자유롭게 놀 때' '시험이 끝난 날' '아빠가 출장 가서 집에 없을 때' '공휴일' 등 간섭을 받지 않고 자유로울 때 행복하다는 진술도 많았는데, 이는 부모로부터 벗어날 때 행복하다는 것이어서 '행복이 아닌 행복'이라고 할 수 있겠다.

그 밖에 행복했던 경험으로 '동생이 태어난 것'과 '넓은 집으로 이사한 것' 등이 있었으며, '새엄마가 생겨서 행복했다' '할아버지와 함께 살게 되어서 행복했다'는 아이도 있었다.

기억에 남을 만한 추억거리가 별로 없어서 밥 먹을 때나 잠잘 때, 혹은 귀찮게 하지 않을 때를 행복한 순간으로 여기는 아이들도 있어 안타까웠다. 아이들 중에는 매사가 권태로워서 해파리처럼 흐느적대며 하루를 보내는 경우도 있다. 이런 경우 바람직한 인격 발달이 이루어지지 않음은 물론 학창 시절에는 집단 따돌림의 대상이 될 수도 있고, 성인이 되어서도 부모, 이웃, 사회에 대한 불신과 소외감 때문에 건강한 시민으로 살아가기 어렵게 될 수도 있다. 부모, 친지, 이웃, 교사, 모든 사람들의 애정과 관심이 모든 아이들에게 골고루 미쳐야 하는 이유 중의 하나가 바로 여기에 있다.

　아이들은 공부 잘하는 아이보다 부모와 친밀하게 지내는 아이를 더 많이 부러워한다. 아울러 공부 잘하는 아이가 부러운 경우에도 '부모에게 구박받지 않을 테니까' '부모에게 떳떳할 수 있으니까' 하는 심리가 상당히 반영되어 있다. 아이가 가진 재산 중에 가장 큰 것은 부모라는 존재인데, 그 존재가 자신을 조건 없이 고귀하게 사랑해주기를 아이들은 간절히 바라고 있다.